全国高职高专机械设计制造类工学结合"十三五"规划系列教材

金 工 实 训

主　编　段明忠　柳松柱　冯邦军
副主编　胡翔云　薛嘉鑫　何玉山　于　辉
　　　　胡　海　刘　毅　谢小江

华中科技大学出版社
中国·武汉

内 容 简 介

　　本书是根据高职高专人才培养目标,总结近年来金工实训教学改革与实践,参照当前有关技术标准编写而成的。本书为项目模块化教材,内容包括:金工实训入门知识、钳工实训、车工实训、铣工实训、刨工实训、磨工实训等。

　　本书可作为高职高专机械类及近机械类专业的基础课程教材,也可供民办高等院校、成人高等院校和相关工程技术人员使用。

图书在版编目(CIP)数据

金工实训/段明忠,柳松柱,冯邦军主编.—武汉:华中科技大学出版社,2018.4
全国高职高专机械设计制造类工学结合"十三五"规划系列教材
ISBN 978-7-5680-3603-0

Ⅰ.①金…　Ⅱ.①段… ②柳… ③冯…　Ⅲ.①金属加工-实习-高等职业教育-教材　Ⅳ.①TG-45

中国版本图书馆 CIP 数据核字(2018)第 061584 号

金工实训　　　　　　　　　　　　　　　　段明忠　柳松柱　冯邦军　主编
Jingong Shixun

策划编辑:汪　富
责任编辑:戢凤平
封面设计:范翠璇
责任校对:何　欢
责任监印:周治超
出版发行:华中科技大学出版社(中国·武汉)　　　电话:(027)81321913
　　　　　武汉市东湖新技术开发区华工科技园　　邮编:430223
录　　排:武汉三月禾文化传播有限公司
印　　刷:武汉科源印刷设计有限公司
开　　本:787mm×1092mm　1/16
印　　张:13.5
字　　数:339千字
版　　次:2018年4月第1版第1次印刷
定　　价:32.80元

本书若有印装质量问题,请向出版社营销中心调换
全国免费服务热线:400-6679-118　竭诚为您服务
版权所有　侵权必究

前　言

对于高等职业院校而言,技能培训是职业教育的主题,理论教学应该围绕着专业技能的需要展开,这不仅是就业市场的需求,也是高职办学理念上的回归。本教材力求体现国家倡导的"以就业为导向,以能力为本位"的精神,结合职业技能鉴定和高职院校双证书的需求,合理安排知识点、技能点,避免重复,以适应高职院校学生的认知规律。

本教材在编写过程中注重理论课程和实践课程的分工与配合,并注意单工种工艺分析。每个模块选取生产中应用的实例,以教学要求为基础,将抽象零散的教材内容进行有机组合。具体为:

(1)在内容上回避了深奥难懂的工艺理论,突出了基础理论知识;

(2)注意理论与生产实践相结合,以强化应用和加强实训为重点,突出应用能力的培养;

(3)应用性强,适用面宽,内容丰富,文字简练,插图清晰。

本书共分六个模块,模块一由仙桃职业学院冯邦军编写;模块二由武汉铁路职业技术学院段明忠编写;模块三由鄂州职业大学柳松柱编写;模块四由湖北职业技术学院胡翔云编写;模块五由湖北工业职业技术学院薛嘉鑫编写;模块六由武汉铁路职业技术学院胡海和刘毅编写。参与本书编写的还有安徽国防科技职业学院于辉、吉安职业技术学院谢小江、永州职业技术学院何玉山等老师。在此对以上编写人员表示衷心的感谢!

本教材可作为高职高专机械类及近机械类专业的基础课程教材,也可供民办高等院校、成人高等院校和相关工程技术人员使用。

由于编者水平有限,加之时间仓促,书中难免有疏漏之处,敬请读者批评指正。

编　者

2018 年 2 月于武汉

目　　录

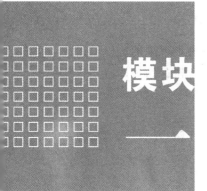

模块

金工实训入门知识

知识目标要求

● 掌握现场安全生产的知识;
● 了解常用金属材料的性能;
● 了解金属切削的基本知识;
● 了解金属材料热处理的知识。

技能目标要求

● 掌握常用量具的使用方法;
● 掌握钢铁材料现场鉴别的方法;
● 能正确区分机床的主运动和进给运动。

任务一　认知安全生产

机械行业生产中发生的生产安全事故较多,给广大劳动者的生命财产造成了严重损失,所以需要生产人员牢记安全操作规程,时刻警惕安全事故的发生。经过行业企业的调查统计,造成安全事故的主要原因如下。

(1)安全生产意识淡薄,对安全生产工作重视不够。

(2)安全生产责任制度、安全管理规章制度和安全操作规程不健全,安全管理不到位。

(3)安全教育培训不到位,新员工未经培训、特种作业人员未取得特种作业操作资格证书即上岗作业,缺乏必要的安全知识和安全操作技能。

(4)安全设备设施存在安全隐患,安全投入不足,没有按规定配备相应的安全设备设施,生产设备设施老化严重,缺乏维护和保养,不符合国家标准和行业标准,危险性较大的设备设施没有按国家有关要求进行管理和使用。

(5)现场管理混乱,具有较大危险的作业没有制定相应的安全管理措施,没有现场安全管理人员,作业人员佩戴安全防护用品不规范,安全隐患大量存在。

所以,在生产中广大人员都需采取劳动保护措施,遵守相关安全规定,谨记安全操作规程,规范作业,确保无安全事故发生。

一、安全生产的劳动保护措施

机械加工作业人员面对的工作环境复杂,做好安全防护措施是必不可少的。机械制造工作涵盖范围广泛,一般有铸造、锻造、热处理、机加工及装配车间,工种混杂,但因其职业危害因素大致相同,故对作业人员做好安全防护的要求基本上都是一致的。

1. 做好劳动防护用品的穿戴

(1)工作时应穿好工作服,戴防护眼镜,穿安全鞋。女工应戴工作帽,并将长发盘起,塞入帽内;产生粉尘的工作现场,还需佩戴口罩。

(2)禁止穿背心、裙子、短裤,戴围巾,穿拖鞋或高跟鞋进入生产车间。

(3)遵守现场劳动纪律,不在车间内追逐、嬉闹。

操作者着装规范如图 1-1 所示。

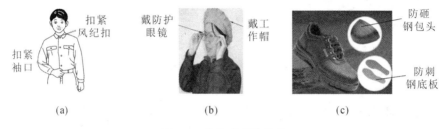

图 1-1 操作者着装规范

2. 做好设备安全生产的防护

(1)在生产车间安设各种警示标记(见图 1-2);在设备操作过程中为安全而安装各种信号装置(见图 1-3)。

图 1-2 车间常见警示标记

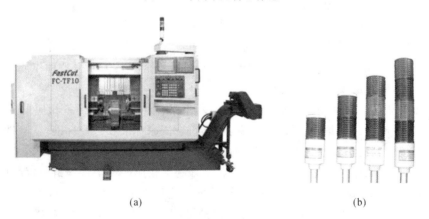

图 1-3 机床常见警示灯

(2)在机床上安装防护装置及各种快速制动开关等(见图 1-4 和图 1-5)。

(3)在机床上安装各种限位开关,防止撞刀等事故发生(见图 1-6)。

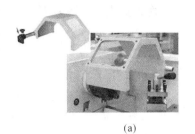

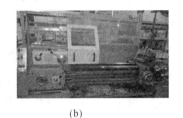

(a)   (b)

图 1-4   机床防护罩

(a)   (b)

图 1-5   机床急停按钮

图 1-6   机床上常见限位开关

（4）电气设备安装防护性接地或接中性线的装置，以及其他防止触电的设施。

（5）在各种机床旁，为减少危险和保证工人安全操作而安设附属起重设备，以及用机械化操纵代替危险的手动操作等（见图 1-7）。

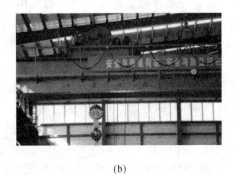

(a)   (b)

图 1-7   车间吊装设备

（6）在高空作业时，为避免铆钉、铁片、工具等坠落伤人而设置工具箱及防护网。

二、典型机床安全操作规程

机床操作前要穿紧身防护服，袖口扣紧，上衣下摆不能敞开，严禁戴手套，不得在开动的机床旁穿、脱换衣服，或围布于身上，防止机器绞伤。女工必须戴好安全帽，辫子应放入帽内，不得穿裙子、拖鞋。高速切削和产生崩碎切屑时，要戴好防护镜，以防铁屑飞溅伤眼，并在机床周围安装挡板使之与操作区隔离。

1. 车床操作安全规程

（1）车床开动前，必须认真仔细检查车床各部件和防护装置是否完好、安全可靠，加油润滑车床，并作低速空载试验 2～3 min，检查车床运转是否正常。

（2）装卸卡盘和大工件时，要检查周围有无障碍物，垫好木板，以保护床面，并要卡住、顶牢、架好；车偏重物件时要按轻重平衡好，工件及工具的装夹要紧固，以防工件或工具从夹具中飞出，轧头钥匙、套筒扳手要拿下。

（3）车床运转时，严禁戴手套操作；严禁用手触摸车床的旋转部分；严禁在车床运转中隔着车床传送物件。装卸工件，安装刀具，清洗上油以及打扫切屑，均应停车进行，清除铁屑应用刷子或钩子，禁止用手拉。

（4）车床运转时，不准测量工件，不准用手去刹住转动的卡盘。

（5）加工工件切削量和进刀量不宜超大，以免车床过载或梗住工件造成意外事件。

（6）切削粗工件时，不能吃刀停车，如需停车应迅速将刀退出；切削较长工件须在适当位置放好中心架，防止工件甩弯伤人；伸入床头的棒料长度不能超过床头立轴之外，并应慢车加工，伸出时应注意防护。

（7）高速切削时，没有防护罩不切，工件、工具的固定要紧固，切削铜料要有断屑装置，必须使用活顶尖，当铁屑飞溅严重时，应在车床周围安装挡板使之与操作区隔离。

（8）车床运转时，操作者不能离开车床，发现车床运转不正常时，应立即停车，请检修工检查修理；当突然停止供电时，要立即关闭车床或其他启动装置，并将刀具退出工作部位。

（9）工作时必须侧身站在操作位置，禁止身体正面对着转动的卡盘。

（10）工作结束时，应切断车床电源或总电源，将刀具和工件从工作部位退出，清理安放好所使用的工、夹、量具，并擦拭清洁车床。

2. 铣床安全操作规程

（1）工作前要检查车床各系统是否安全好用，各手轮摇把的位置是否正确，快速进刀有无障碍，各限位开关是否能起到安全保护的作用。

（2）每次开车及开动各移动部位时，要注意刀具及各手柄是否在需要的位置上。扳快速移动手柄时，要先轻轻开动一下，看移动部位和方向是否相符。严禁突然开动快速移动手柄。

（3）安装刀杆、支架、垫圈、分度头、虎钳、刀孔等时，接触面均应擦干净。

（4）铣床开动前，检查刀具是否装牢，工件是否牢固，压板必须平稳，支撑压板的垫铁不宜过高或块数太多，刀杆垫圈不能做其他垫用，使用前要检查平行度。

（5）在铣床上进行上下工件，更换刀具，紧固、调整及测量工件等工作时必须停车，更换刀杆、刀盘、立铣头、铣刀时，均应停车。拉杆螺丝松脱后，注意避免砸手或损伤铣床。

（6）铣床开动时，不准量尺寸、对样板或用手摸加工面。加工时不准将头贴近加工表面观察吃刀情况。取卸工件时,必须移动刀具后进行。

(7) 拆装立铣刀时,台面须垫木板,禁止用手去托刀盘。

(8) 装平铣刀,使用扳手扳螺母时,要注意扳手开口选用适当,用力不可过猛,防止滑倒。

(9) 对刀时必须慢速进刀,刀接近工件时,必须手摇进刀,不准快速进刀;正在走刀时,不准停车。铣深槽时要停车退刀。快速进刀时,注意防止手柄伤人。万能铣垂直进刀时,工件装卡要与工作台有一定的距离。

(10) 吃刀不能过猛,自动走刀必须拉脱工作台上的手轮。不准突然改变进刀速度。有限位撞块时应预先调整好。

(11) 在进行顺铣时一定要清除丝杠与螺母之间的间隙,防止打坏铣刀。

(12) 开快速时,必须使手轮与转轴脱开,防止手轮转动伤人;高速铣削时,要防止铁屑伤人,并不准急刹车,防止将轴切断。

(13) 铣床的纵向、横向、垂直移动,应与操作手柄指的方向一致,否则不能工作。铣床工作时,纵向、横向,垂直的自动走刀只能选择一个方向,不能随意拆下各方向的安全挡板。

(14) 工作结束时,关闭各开关,把铣床各手柄扳回空位,擦拭铣床,注润滑油,维护铣床清洁。

3. 砂轮机安全操作规程

(1) 开启砂轮机前,应检查砂轮有无裂纹或伤残,砂轮与防护罩之间有无杂物,两端螺母是否锁紧,底座是否松动等,发现问题及时处理。

(2) 砂轮机必须有安全防护罩,安全防护罩不许随意取下;托架距砂轮不得超过 5 mm。

(3) 砂轮启动后,需待转速稳定后方可进行磨削。

(4) 操作者应戴好安全帽和防护眼镜。开启砂轮机和磨削工件时,应站在砂轮侧面,不得正对砂轮操作,以防砂轮突然崩裂飞出伤人。

(5) 磨削时要握紧工件,不得单手操作,防止工件脱落在防护罩内卡破砂轮或工件飞出造成事故。

(6) 不要在砂轮的两侧磨削工件,禁止两人同时使用一块砂轮进行磨削。

(7) 不要在砂轮机上磨重、大、长的工件,磨削时不得用过大的力量压紧砂轮,以免打碎砂轮而伤人。

(8) 操作过程中,不准戴手套,手指不可接触砂轮,防止伤人。严禁用手指试触工件,以防烫伤或划伤。

(9) 严禁使用棉纱等物包裹工件进行磨削,严禁围堆操作和在磨削时玩手机、嬉笑与打闹。

(10) 砂轮机不准用来磨削薄板、软质易黏附砂轮的木料、铝、铜等,以及易碎伤人的石头、砖块、玻璃等物。

(11) 砂轮要保持干燥清洁,不准沾水,以防湿水后失去平衡,发生事故;不要沾油污,影响磨削或造成事故。

(12) 砂轮磨薄、磨小严重时,不准使用,应及时更换,保证安全。

4. 台钻安全操作规程

(1) 检查钻床上的防护、保险装置是否完好、灵活、可靠。

(2) 工/模/夹具、刀具及工件必须装夹牢固,以防松动。

（3）钻床开动后，不准接触运动中的工件，以及工/模/夹具、刀具和机床运动部分，禁止隔着机床运动部分传递或拿取物品。

（4）装卸工/模/夹具、刀具、工件，以及调试、测量、检修、润滑、保养、清扫时一律停车进行。

（5）钻孔时，小工件必须用工具、夹具夹紧压牢，禁止用手拿着钻孔；钻薄片工件时，下面要垫木板。

（6）严禁用纱布等清除铁屑，亦不允许用口吹或者用手擦拭，应用毛刷、铁钩清除。

（7）在钻孔开始或工件快钻穿时，要轻轻用力，以防工件转动或甩出。

（8）工件要放正，用力要均匀，以防止钻头折断。

（9）不准在钻床运转时离开工作岗位，钻削过程中，必须先退刀后停车，离开钻床前必须停车，并切断电源。

任务二　认识金属材料

机械工程材料主要包括金属材料和非金属材料两大类。金属材料是指黑色金属（钢和铁）和有色金属（铝及铝合金、铜及铜合金等）；非金属材料是指高分子材料、陶瓷材料和复合材料等。了解金属材料的性能和热处理方法是机械设计中正确选材的依据，也是机械制造中确定合理的加工工艺的基础。

一、金属材料的主要力学性能指标

金属材料的性能分为使用性能和工艺性能。使用性能是指金属材料在使用过程中表现出来的各种性能，包括物理性能、化学性能和力学性能等。工艺性能是指金属材料在加工过程中适应各种加工工艺方法的性能，包括铸造性能、锻造性能、焊接性能、热处理性能和可加工性能等。

由于材料的用途不同，对材料的性能要求也不同。如设计电线时要考虑材料的导电性；设计化工容器时要考虑材料的耐蚀性。大多数机械零件是在受力状态下工作的，因此选择材料时要考虑材料的力学性能。

金属材料的力学性能是指金属在各种载荷作用下所表现出来的性能。常用的力学性能包括强度、塑性、硬度、冲击韧性、疲劳强度、断裂韧度等。

1. 载荷、变形与应力

（1）载荷。

金属材料在加工和使用过程中都受到外力的作用，这种外力称为载荷。根据载荷作用的性质不同，它可分为静载荷、冲击载荷及交变载荷。其中，静载荷是指大小不变或变化过程缓慢的载荷；冲击载荷是指在短时间内以较高速度作用于零件上的载荷；交变载荷是指大小、方向或大小和方向都随时间发生周期性变化的载荷。

（2）变形。

当金属材料受到载荷作用时，它会产生几何形状及尺寸的变化，这种变化称为变形。金属材料的变形分为弹性变形和塑性变形。在弹性变形状态，金属材料的变形随载荷的作用而产生、随载荷的去除而消失；在塑性变形状态，金属材料的变形随载荷的作用而产生、随载荷的去除不能完全消失。

（3）应力。

金属材料受外力作用时，为保持其几何形状不变形，在金属材料内部会产生与外力相对抗的力，这种力称为内力。单位面积上的内力称为应力。

2. 强度和塑性

强度是指金属材料在静载荷作用下抵抗塑性变形或断裂的能力。塑性是指断裂前材料发生不可逆永久变形的能力。强度和塑性是通过拉伸试验测定的。拉伸试验是指用静拉伸力对试样轴向拉伸，通过测量载荷及相应的伸长量来测定其力学性能的试验。强度分为屈服强度和抗拉强度。金属材料产生屈服时的应力称为屈服强度。抗拉强度是指试样拉断前承受的最大标准拉应力。

3. 塑性指标

（1）断后伸长率。

断后伸长率是指试样拉断后标距的伸长量与原始标距的百分比，用符号"A"表示。其计算公式为

$$A = \frac{L_u - L_0}{L_0} \times 100\%$$

式中： A——断后伸长率（%）；

L_0——试样的原始标距（mm）；

L_u——试样拉断后的标距（mm）。

同一材料的试样长短不同，测得的断后伸长率是不同的。

（2）断面收缩率。

断面收缩率是指试样拉断后，缩颈处横截面面积的最大缩减量与原始横截面面积的百分比，用符号"Z"表示。其计算公式是

$$Z = \frac{S_0 - S_u}{S_0} \times 100\%$$

式中： Z——断后收缩率（%）；

S_0——试样原始横截面面积（mm²）；

S_u——试样拉断后断口处的最小横截面面积（mm²）。

断面收缩率不受试样尺寸的影响，比较确切地反映了材料的塑性。

金属材料的塑性对零件的加工和使用有重要意义。塑性好的金属材料才能通过拉伸、冲压、弯曲等塑性变形实现成形加工。拉伸试验表明，经过明显塑性变形（屈服）之后的金属材料将得到强化。因此，塑性好的机械零件万一超载时，具有一定的安全储备，当零件发生明显的塑性变形时，使用者可以对零件实施更换或维修，避免突然断裂而可能造成的损失。

4. 硬度

硬度是指材料抵抗局部变形，特别是塑性变形、压痕或划痕的能力。在规定的载荷下将压头压入材料表面，用压痕深度或压痕表面面积来评定的硬度，称为压痕硬度。布氏硬度和洛氏硬度都属于压痕硬度。

1）布氏硬度试验

布氏硬度试验是指用一定直径的钢球或硬质合金球以规定的载荷压入试样表面，保持规定时间后卸除载荷，根据试样表面压痕直径计算硬度的一种压痕硬度试验。图1-8所示的是布氏硬度试验原理图。

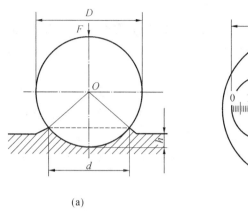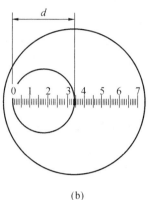

(a)   (b)

图 1-8　布氏硬度试验原理图

(a) 钢球压入试件示意图　(b) 压痕直径读数示意图

布氏硬度值是用球面压痕单位面积上所承受的平均压力来表示的。当压头为淬硬钢球时,测得的布氏硬度值用符号"HBS"表示;当压头为硬质合金球时,测得的布氏硬度值用符号"HBW"表示。布氏硬度值可计算为

$$HBS(HBW) = 0.102 \times \frac{2F}{\pi D(D - \sqrt{D^2 - d^2})}$$

式中：　HBS(HBW)——用淬硬钢球(硬质合金球)试验的布氏硬度值;

　　　　F——载荷(N);

　　　　D——球体直径(mm);

　　　　d——压痕平均直径(mm)。

因压头本身的弹性变形,当布氏硬度值超过 350 时,使用淬硬钢球和硬质合金球得到的试验结果明显不同。淬硬钢球适用于测定布氏硬度值在 450 以下的材料;硬质合金球适用于测定布氏硬度值在 650 以下的材料。

布氏硬度试验常用来测定灰铸铁、有色金属及经退火、正火和调质处理的钢材等材料的硬度。因压痕较大,布氏硬度试验不适宜检验薄件或成品。

2) 洛氏硬度试验

洛氏硬度试验是指用顶角为 120°的金刚石圆锥体或直径为 1.588 mm 的钢球作压头,在规定的载荷下,将压头压入试样表面,保持规定时间后卸除载荷,用测量的残余压痕深度增量计算的硬度,如图 1-9 所示。

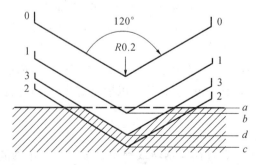

图 1-9　洛氏硬度试验原理图

图 1-9 中 0 表示 120°金刚石圆锥体压头尚未与试样表面接触的位置;1 表示压头在初始

载荷作用下压入试样后的位置,此时深度为 ab;2 表示压头加主载后的位置,此时压入深度为 ac;3 表示卸除主载并保持初始载荷的条件下,压头因试样弹性恢复而获得残余压痕深度增量 bd 的位置。洛氏硬度用 bd 的大小来衡量,用符号"HR"表示。

$$HR = K - bd/0.002$$

式中:K 为常数(对于金刚石压头,$K=100$;对于钢球压头,$K=130$)。

常用的洛氏硬度标度有三种:HRA、HRB、HRC,如表 1-1 所示。

表 1-1　三种洛氏硬度试验规范

洛氏硬度	HRA	HRB	HRC
所用压头	圆锥角为 120°的金刚石	直径 1.588 mm 的钢球	圆锥角为 120°的金刚石
初始载荷/N	98.07	98.07	98.07
总载荷/N	588.4	980.7	1471.0
洛氏硬度计刻度满量程	100	130	100
硬度计算方法	$100-e$	$130-e$	$100-e$
测量范围	20~80	20~100	20~70
使用范围	测量硬质合金,表面淬火层或渗碳层	测量有色金属及合金,退火、正火钢等	测量调质钢、淬火钢等

注:其中 e 为卸除主载荷以后,在初始载荷下的压痕深度残余增量,以 0.002 mm 为单位表示。

测定洛氏硬度时可以在表盘上直接读出硬度值,比较简便。而测定布氏硬度时需要计算或查表,比较麻烦。洛氏硬度试验时所使用的压头较尖或直径小,压痕小,对金属表面的损伤小,可以直接测定成品件和较薄工件的硬度,但测定的硬度值不如布氏硬度值准确、稳定。故要求在试件上的不同部位测定三点,取其算术平均值。洛氏硬度试验不适于测定各微小部分性能不均匀的材料(如铸铁)的硬度。

3) 维氏硬度试验

布氏硬度试验不适于测定硬度较高的金属的硬度,洛氏硬度试验虽可测定硬度较高的各种金属的硬度,但由于采用的压头不同,硬度值之间不能相互换算和比较。为了从软到硬对各种金属进行连续一致的硬度标度,制定了维氏硬度试验法。维氏硬度测定原理与布氏硬度的类似,它是将夹角为 136°的正四棱锥体金刚石作为压头,以选定的试验载荷(49.03~98.07 N)压入试样表面,经规定的保持时间后,去除试验载荷,则试样表面压出一个正四棱锥形的压痕,测量压痕对角线的平均长度,计算硬度值。维氏硬度用符号"HV"表示。

$$HV = 0.1891 \frac{F}{d^2}$$

式中:　F——试验载荷(N);

　　　　d——压痕对角线长度的平均值(mm)。

4) 硬度指标的实用性

硬度实际上反映了金属材料的综合力学性能。金属抵抗局部变形(特别是塑性变形)的能力实际上从金属表面层的一个局部反映了材料的强度;压痕的大小或深浅则反映了材料的塑性;金属的硬度与其耐磨性也有关系。对于研磨磨损,钢的耐磨性随硬度的提高而增加。实验表明,硬度由 62~63 HRC 降至 60 HRC,其耐磨性下降 25%~30%。

硬度试验和拉伸试验都是利用静载荷确定金属材料力学性能的方法,拉伸试验属于破坏性试验,测定方法相对复杂。硬度试验则简便迅速,对金属材料没有大的损伤,不需要做专门的试样,而可以直接在工件上测试。因此硬度试验在生产中得到更为广泛的应用。人们常常把各种硬度判据作为技术要求标注在零件工作图上。

5. 冲击韧度

大多数机械零件是在动载荷作用下工作的。而塑性、强度、硬度等都是金属在静载荷作用下测得的,不能反映零件在动载荷作用下的力学性能。金属材料在动载荷作用下的力学性能可以用韧性来衡量。所谓韧性是指金属断裂前吸收变形能量的能力。金属的韧性一般随加载速度的提高而减小。在冲击力作用下折断时吸收变形能量的能力,称为冲击韧性。冲击韧性用冲击韧度来度量,冲击韧度愈大,表示材料的冲击韧性愈好。

6. 疲劳强度

许多机械零件,如减速器的齿轮和轴、弹簧、载重汽车的车桥等是在循环应力和应变的作用下工作的。这些零件工作时即使所承受的应力小于材料的屈服点,较长时间工作时仍有可能发生断裂,这就是疲劳断裂。疲劳断裂前不产生明显的塑性变形,是突然发生的,因而具有极大的危险性,常造成严重事故。事实上,大部分损坏的机械零件都是因疲劳造成的。

疲劳是由于材料在循环应力和应变作用下,在一处或几处产生局部永久性累计损伤,经一定循环次数后产生裂纹或突然发生完全断裂。通过试验测定的材料交变应力和断裂前应力循环次数之间的关系曲线,即疲劳曲线。曲线表明,材料的交变应力越大,断裂时应力循环次数越少。反之,则应力循环次数越大。当应力低于一定值时,疲劳曲线出现一个水平段,说明当应力值低于某值时,试样经无限次循环也不破坏,此时的应力值称为材料的疲劳强度,用 S 表示。工程上把钢经受 10^7 周次、有色金属和不锈钢经受 10^8 周次交变应力作用时不发生破坏的应力作为材料的疲劳强度。

二、金属的理化及工艺性能

1. 金属的物理性能

金属的物理性能指标主要有密度、熔点、导热性、导电性、热膨胀性、磁性等。机械设计时,零件的用途决定了选材时对材料物理性能的要求。如飞机零件要求选用密度小的铝合金来制造;而电机、电器设计中常考虑材料的导电性等。

金属材料的某些物理性能对加工工艺有一定影响。如高速钢的导热性差,在锻造时就应该用很低的速度升温,以免产生裂纹。而锡基轴承合金、铸铁和铸钢的熔点不同,在铸造时的熔炼工艺就有较大区别。

2. 金属的化学性能

金属的化学性能是指金属在室温或高温时抵抗各种化学作用的能力,如耐酸性、耐碱性、抗氧化性等。在腐蚀介质中或在高温下工作的零件,比在室温或空气下的腐蚀更为强烈,在设计时,就应该选用化学稳定性良好的合金,各种不锈钢等。

3. 金属的工艺性能

工艺性能是物理、化学、力学性能的综合体现,按工艺方法不同,可分为铸造性能、锻造性能、焊接性能和切削加工性能等。例如灰铸铁的铸造性能良好,切削性能也很好,所以广泛用来制造铸件。但它的锻造性、焊接性很差,因而不能用来制成锻造件和焊接件使用。

任务三 金属材料的热处理

以铁和碳为基本组元组成的合金称为铁碳合金,如钢和铸铁都是铁碳合金。要熟练掌握其组织、性能及加工方法,就必须了解铁碳合金的成分、组织和性能之间的关系。

一、铁碳合金及其相图

1. 铁碳合金的基本组织

自然界中大多数金属结晶后晶格类型都不再变化,但少数金属,如铁、锰、钴等结晶后随着温度或压力的变化,晶格会有所不同。金属在固态下晶格类型随温度(或压力)而变化的特性称为同素异构转变。

图 1-10 所示的是纯铁的冷却曲线示意图,在刚结晶时(1538 ℃)纯铁具有体心立方晶格,称为 δ-Fe;在 1394 ℃时,δ-Fe 转变为具有面心立方晶格的 γ-Fe;在 912 ℃时,γ-Fe 又转变为具有体心立方晶格的 α-Fe;再继续冷却,晶格类型就不再发生变化了。

纯铁具有同素异构转变的特性,是钢铁材料能够通过热处理改善性能的重要依据。纯铁在发生同素异构转变时,由于晶格结构发生变化,体积也随之改变,这是加工过程中产生内应力的主要原因。

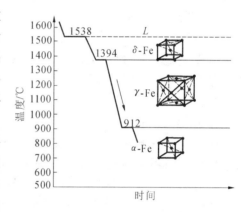

图 1-10 纯铁的冷却曲线示意图

含碳质量分数为 0.10%~0.20%的铁碳合金称为工业纯铁。工业纯铁虽然塑性、导磁性能良好,但强度不高,不适宜制作结构件。为了提高纯铁的强度、硬度,常在纯铁中加入少量碳元素。铁碳合金中,由于铁和碳的交互作用,可形成下列五种基本组织:铁素体、奥氏体、渗碳体、珠光体和莱氏体。

(1) 铁素体(F)。

铁素体是碳溶于 α-Fe 中所形成的间隙固溶体,用符号 F 或 α 表示。它仍保持 α-Fe 的体心立方晶格结构。因其晶格间隙较小,所以溶碳量很小,在 727 ℃时碳的质量分数 $\omega(C)$ 最大,为 0.0218%,室温时降至 0.0008%。其力学性能与纯铁相似,即塑性和冲击韧度较好(断后伸长率 A 为 30%~50%,冲击韧度 α_k 为 128~160 J/cm²),而屈服强度(R_{eL} = 180~280 MPa)、硬度较低(50~80 HBW),是钢中的软韧相。在显微镜下观察,铁素体晶粒呈明亮的多边形。

(2) 奥氏体(A)。

奥氏体是碳或其他元素溶于 γ-Fe 中所形成的间隙固溶体,用符号 A 或 γ 表示。它保持 γ-Fe 的面心立方晶格结构。由于其晶格间隙较大,因此溶碳能力比铁素体强,在 727 ℃时 $\omega(C)$ 为 0.77%,1148 ℃时 $\omega(C)$ 达到 2.11%。奥氏体的抗拉强度 R_m 约为 400 MPa,硬度可达 170~220 HBW,塑性较好(断后伸长率 A 为 40%~50%)。因为奥氏体组织塑性好、易于成形,生产上绝大多数钢要加热至高温奥氏体状态后进行压力加工。稳定的奥氏体属于铁碳合金的高温组织,当其缓慢冷却到 727 ℃时,奥氏体将转变为其他组织。在高温晶相显微镜下观察,奥氏体的显微组织呈多边形晶粒状态,但晶界比铁素体的晶界平直。

（3）渗碳体（Fe_3C）。

渗碳体是由铁和碳组成的具有复杂斜方结构的间隙化合物,用化学式 Fe_3C 表示。渗碳体中的碳的质量分数为 6.69%,硬度很高（800 HBW）,脆性大,塑性和韧性几乎为零,主要作为铁碳合金中的强化相存在。

（4）珠光体（P）。

珠光体是由软的铁素体和硬的渗碳体组成的机械混合物,它是奥氏体从高温缓慢冷却时发生共析转变而形成的,用符号 P 表示。珠光体中 $\omega(C)$ 为 0.77%,力学性能介于铁素体和渗碳体之间,有一定的强度和塑性,硬度适中,综合性能良好。在珠光体的组织中渗碳体一般呈片状分布在铁素体的基体上,其显微组织类似珍珠贝母外壳形纹。

（5）莱氏体（L_d）。

莱氏体是 $\omega(C)$ 为 4.3%的合金,缓慢冷却到 1148 ℃时从液相中同时结晶出奥氏体和渗碳体的共晶组织,用符号 L_d 表示。因为奥氏体在 727 ℃时转变为珠光体,所以室温下莱氏体由珠光体和渗碳体组成,称为变态莱氏体,用符号 L_d' 表示。莱氏体中由于有大量渗碳体的存在,其性能与渗碳体相似,即硬度高（相当于 700 HBW）,但塑性很差。

2. 铁碳合金相图

铁碳合金相图是用实验的方法得到的,它是为了表示在缓慢冷却条件下,不同成分的铁碳合金在不同温度下所具有的组织状态的一种图形,是选择材料和制定有关热加工工艺时的重要参考依据。$\omega(C)>5\%$ 的铁碳合金,尤其是 $\omega(C)>6.69\%$ 的铁碳合金,几乎全部以 Fe_3C 形式存在,质地硬面脆,机械加工困难,在机械工程中一般没有使用价值。所以在研究铁碳合金时只研究 $\omega(C)<6.69\%$ 的部分。图 1-11 所示的是简化的 $Fe-Fe_3C$ 相图,以温度为纵坐标,碳的质量分数为横坐标,相图中包含共晶和共析两种典型反应。

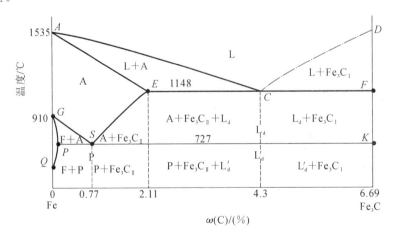

图 1-11　简化的 $Fe-Fe_3C$ 相图

注:图中 L 为液相,A 为奥氏体相,F 为铁素体相,Fe_3C（Fe_3C_I、Fe_3C_{II}）为渗碳体相,
P 为珠光体相,L_d 为莱氏体相,L_d' 为变态莱氏体相

$Fe-Fe_3C$ 相图中各典型点的含义如表 1-2 所示。

表 1-2 Fe-Fe₃C 相图中的主要特性点

符 号	温度/℃	含碳量/(%)	说 明
A	1535	0	纯铁的熔点或结晶温度点
C	1148	4.3	共晶点,发生共晶转变 $L_{4.3} \rightleftharpoons A_{2.11} + Fe_3C$
D	1227	6.69	渗碳体的熔点
E	1148	2.11	碳在 γ-Fe 中的最大溶解度或钢与生铁的分界点
G	910	0	纯铁的同素异构转变点 α-Fe $\rightleftharpoons$ γ-Fe
P	727	0.0218	碳在 α-Fe 中的最大溶解度
S	727	0.77	共析点发生共析转变 $A_s \rightleftharpoons F_p + Fe_3C$
Q	室温	0.0008	室温下碳在 α-Fe 中的最大溶解度

二、含碳量对铁碳合金组织和力学性能的影响

1. 含碳量对平衡组织的影响

铁碳合金在室温下的组织都是由铁素体和渗碳体两相组成的。随着含碳量增加,铁素体不断减少,渗碳体逐渐增加。由铁碳合金相图可以看出,室温下随着含碳量增加,铁碳合金平衡组织变化趋势为

$$F \rightarrow F+P \rightarrow P \rightarrow P+Fe_3C_{II} \rightarrow P+Fe_3C_{II}+L'_d \rightarrow L'_d \rightarrow Fe_3C_I + L'_d$$

2. 含碳量对力学性能的影响

图 1-12 所示为含碳量对碳钢的力学性能的影响规律曲线。从图中可以看出,当碳钢中碳的质量分数 $\omega(C) < 0.9\%$ 时,随着钢中含碳量增加,组织中渗碳体量不断增多,铁素体量不断减少,钢的强度、硬度升高,而塑性和韧性下降。但当 $\omega(C) > 0.9\%$ 时,由于网状二次渗碳体的存在,不仅钢的塑性与韧性进一步下降,而且强度也明显下降。为了保证工业上使用的碳钢具有一定的塑性与韧性,碳钢中碳的质量分数 $\omega(C)$ 一般不超过 1.3%。

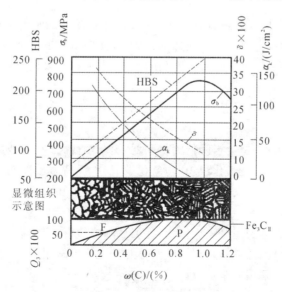

图 1-12 碳的质量分数 $\omega(C)$ 对钢的力学性能的影响

三、钢的热处理

钢的热处理是将钢在固态下进行加热、保温和冷却,以改变其内部组织,从而获得所需性能的一种工艺方法。钢的热处理不仅可以改善钢的加工工艺性能,而且能提高钢的使用性能,节约成本,延长工件的使用寿命。

热处理工艺过程可分为加热、保温和冷却三个阶段。在工艺文件中,一般用热处理工艺曲线来表示,如图1-13所示。

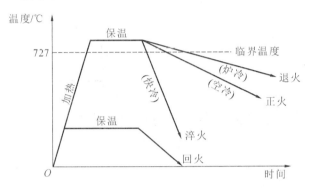

图1-13 热处理工艺曲线

根据热处理的目的、加热和冷却方式的不同,热处理方法很多,常用的热处理方法可按表1-3进行分类。

表1-3 热处理的分类

整体热处理	退火、正火、淬火、淬火回火、调质、稳定化处理、固溶热处理、固溶热处理和时效处理
表面热处理	表面淬火和回火、物理气相沉积、化学气相沉积、等离子化学气相沉积
化学热处理	渗碳、渗氮、碳氮共渗、氮碳共渗、渗其他非金属、渗金属、多元共渗、溶渗

1. 退火和正火

退火和正火通常安排在铸造、锻造和焊接之后或粗加工之前,以消除前一工序所造成的某些组织缺陷及内应力,为随后的切削加工、热处理做好组织上的准备。退火和正火通常作为钢的预备热处理工序,但对一些要求不高的工件,退火和正火也可作为最终热处理工序。

1) 钢的退火

退火是将工件加热到适当温度,保温一定时间,随后缓慢冷却(如随炉冷却),以获得所需要的状态组织的热处理工艺。

退火的目的和作用:一是适当降低钢材硬度,提高塑性,方便切削加工;二是降低残余应力,防止材料变形、开裂;三是细化组织、均匀化学成分,提高力学性能,并为最终热处理做好组织准备。生产中常用的退火方法有:完全退火、球化退火和去应力退火等。

(1) 完全退火。

完全退火是把钢加热到完全奥氏体化,保温后随之缓慢冷却,以获得接近平衡组织的退火工艺。完全退火后得到的常温组织为铁素体和珠光体。常用于亚共析钢的铸件、锻件、焊接件等。过共析钢不宜采用完全退火。

(2) 球化退火。

球化退火是使工件中碳化物球状化,所得到的室温组织以铁素体为基体,基体上均匀分布着球状或粒状渗碳体(球状珠光体组织)。其目的是改善切削性能,为淬火做好组织准备。适用于含碳量大于0.8%的碳素工具钢、合金工具钢、轴承钢等。

（3）去应力退火。

去应力退火时不改变钢的内部组织,主要用于消除或降低钢件在切削、铸造、热处理、焊接等过程中产生的残余应力,稳定工件尺寸。

2）钢的正火

将工件加热到Ac3(或Accm)以上30～50℃,保温适当时间后,在空气中冷却的热处理工艺,称为正火。

正火的冷却速度比退火冷却速度快,所以能获得较细的组织和较高的力学性能,而且生产周期比退火短。低碳钢可通过正火处理提高强度和硬度,改善切削加工性能;中碳钢进行正火处理可直接用于对性能要求不高的零件的最终热处理或代替完全退火;对于含碳量大于0.8%的钢,可用正火来消除二次网状渗碳体。

2. 钢的淬火和回火

淬火和回火通常称为最终热处理。重要的机械零件通常都要经过淬火和回火热处理,以提高零件的性能,充分发挥钢的潜力。

1）钢的淬火

将钢件加热到Ac1(或Ac3)以上30～50℃,保温一定的时间,然后以大于临界冷却速度v_c的冷却速度冷却,以获得马氏体或贝氏体组织的热处理工艺,称为淬火。其主要目的是获得马氏体,提高钢的硬度和耐磨性。淬火是强化钢材最重要的工艺方法。

淬火质量取决于加热温度、保温时间和冷却速度(通常称为淬火三要素)。

（1）淬火加热温度。

不同钢种淬火加热温度可由Fe-Fe₃C相图得出,为防止奥氏体晶粒粗化,淬火加热温度一般只允许比临界温度高30～50℃,其经验公式如下:

亚共析钢　　　　　$T = Ac3 + (30～50℃)$

共析、过共析钢　　$T = Ac1 + (30～50℃)$

（2）淬火冷却介质。

为了获得马氏体组织,工件在淬火介质中的冷却速度必须大于其临界冷却速度。但冷却速度过大,会增大工件淬火内应力,引起工件变形甚至开裂。

淬火介质的冷却能力决定了工件淬火的冷却速度。为减小淬火内应力,防止工件淬火变形甚至开裂,在保证获得马氏体的前提下,应选用冷却能力弱的淬火介质。常用的冷却介质有水、油、盐浴和空气。

（3）冷处理。

对于尺寸精度要求高的工件(如量具、精密轴承、精密丝杠、精密刀具等),当淬火冷却到室温后,还需要在冷却设备或低温介质中继续冷却,以消除或减少残余奥氏体,获得更多马氏体,稳定工件尺寸。这种工艺,叫冷处理工艺。

（4）钢的淬硬性与淬透性。

钢的淬硬性是钢在理想条件下淬火硬化所能达到的最高硬度。淬硬性主要取决于马氏体的含碳量,马氏体中含碳量越高,淬火后得到的马氏体中的碳的过饱和程度就越大,马氏体的晶格畸变越严重,钢的淬硬性越大。

钢的淬透性是指在规定条件下,决定钢材淬硬深度和硬度分布的特性。工程上规定淬

透层的深度是从表面至半马氏体层的深度。由表面至半马氏体层的深度越大,则钢的淬透性越高。淬透性是合理选用钢材及制定热处理工艺的重要依据之一。

需要说明的是,淬火后硬度高的钢,不一定淬透性就高;淬火后硬度低的钢,不一定淬透性就低。

(5)淬火缺陷及处理方法。

淬火缺陷及处理方法如表 1-4 所示。

表 1-4 淬火缺陷及处理方法

淬火缺陷	产生原因	后果	处理方法
过热	热处理时,由于温度偏高使晶粒过度长大,形成粗大的奥氏体晶粒	力学性能显著降低	通过正火或退火消除
过烧	加热温度过高,使晶界氧化和部分熔化	过烧工件强度低、脆性大	无法补救,报废
氧化与脱碳	介质中的 O_2、CO_2、H_2O 等与工件中金属元素反应生成氧化物。介质与工件中碳反应,使表面碳质量分数降低	氧化使工件表面烧伤,粗糙度变大,减小工件尺寸;脱碳使力学性能下降	控制加热介质的化学成分;对表层加涂层保护;真空加热
硬度不足和软点	淬火介质冷却能力不足,工件表面脱碳氧化,使淬火后硬度达不到要求或局部区域硬度偏低	达不到热处理技术要求	在退火或正火后,重新按正确的方法淬火
变形和开裂	工件内部存在较大内应力(如淬火时的热应力和相变应力)	工件发生变形和产生裂纹	采用正确的升温曲线和冷却方式;淬火后及时进行回火处理

2) 钢的回火

钢件淬火硬化后,再加热到 Ac1 点以下某一温度,保温一定时间后冷却到室温的热处理工艺,称为回火。工件淬火后通常获得马氏体加残余奥氏体组织,这种组织不稳定,存在很大的内应力,必须回火。回火不仅能消除应力,稳定工件尺寸,而且能获得良好的性能组合。随着回火温度的升高,淬火组织将发生一系列变化:

马氏体分解(≤200 ℃)→残余奥氏体分解(200~300 ℃)→碳化物转变(250~400 ℃)→碳化物聚集长大与铁素体的再结晶(>400 ℃)。

在 500~600 ℃时,回火后组织以铁素体为基体,基体上分布着粒状碳化物,称为回火索氏体。回火索氏体具有良好的综合力学性能。此阶段内应力和晶格畸变完全消除。

一般淬火件(除等温淬火)必须经过回火才能使用,根据不同的回火温度,分为低温回火、中温回火和高温回火三种,如表 1-5 所示。

表 1-5 三种不同的回火方法

回火方法	低温回火	中温回火	高温回火
回火温度	150~250 ℃	350~500 ℃	500~650 ℃
回火目的	降低淬火应力和脆性,保持钢淬火后的高硬度和耐磨性	保证钢的高弹性极限和高的屈服点、良好的韧度和较高的硬度	获得强度、塑性和韧性均较好的综合力学性能

回火方法	低温回火	中温回火	高温回火
回火后得到的组织	回火马氏体	回火托氏体	回火索氏体
回火后硬度	一般为 60 HRC 以上	35～45 HRC	28～33 HRC
用途	主要用于高碳钢或合金钢的刃具、量具、模具、轴承以及渗碳钢淬火后的回火处理	主要用于各种弹簧和模具的回火处理	主要用于各种重要的结构件,特别是交变载荷下工作的连杆、螺柱、齿轮和轴类工件,也可用于量具、模具等精密零件的预先热处理

注:通常将钢件淬火加高温回火的复合热处理工艺称为调质。

3. 钢的表面热处理

1) 钢的表面淬火

表面淬火是一种改变金属表层组织而不改变表层化学成分的局部热处理方法。它是利用快速加热使钢件表层迅速达到淬火温度,不等热量传到心部就立即淬火冷却,从而使表层获得马氏体组织,心部仍为原来的组织。这样表面获得高硬度、高耐磨性,而心部保持较好的塑性和韧性。常用的有感应加热表面淬火和火焰加热表面淬火两种。

2) 钢的化学热处理

化学热处理是将工件置于一定温度的活性介质中保温,使一种或几种元素渗入它的表层,以改变其化学成分、组织和性能的热处理工艺。常用的化学热处理有渗碳、渗氮和碳氮共渗、渗铝、渗铬等。以下主要介绍前三种化学热处理工艺。

(1) 钢的渗碳。

为了增加钢件表层的含碳量和形成一定的碳浓度梯度,将钢件在渗碳介质中加热并保温,使碳原子渗入钢件表层的化学热处理工艺称为渗碳。渗碳的主要目的是提高钢件表层的含碳量和形成一定的碳浓度梯度,然后经淬火和低温回火,使工件的表面层获得高硬度、高耐磨性,而心部的含碳量低,具有良好的塑性和韧性。

进行渗碳热处理的钢常为低碳钢或低碳合金钢,主要牌号有 15、20、20Cr、20CrMnTi 等。渗碳热处理时的加热温度为 900～950 ℃,保温时间愈长,则渗碳层厚度愈厚。渗碳后钢件表面层的含碳量可达 0.8%～1.0%,故经淬火后表面硬度可达 60 HRC 以上。

根据渗剂的不同,渗碳方法可分为固体渗碳、气体渗碳和液体渗碳三种。气体渗碳的生产率较高,渗碳过程容易控制,渗碳层质量较好,易实现自动化生产,应用最为广泛。渗碳热处理适用于表面要求高硬度、高耐磨性,而心部要求高韧性的零件。如表面易磨损且要承受较大冲击载荷的齿轮轴、齿轮、活塞销、凸轮等。

(2) 钢的渗氮。

在一定温度下(一般在钢的临界点温度以下)使活性氮原子渗入钢件表面的化学热处理工艺称为渗氮。其目的在于提高工件的表面硬度、耐磨性、疲劳强度、耐蚀性及热硬性。

渗氮处理有气体渗氮、离子渗氮等工艺方法,其中气体渗氮应用最广。

与渗碳相比,渗氮温度大大低于渗碳温度,工件变形小;渗氮层的硬度、耐磨性、疲劳强度、耐蚀性及热硬性均高于渗碳层。但渗氮层比渗碳层薄而脆,渗氮处理时间比渗碳处理时间长得多,生产效率低。渗氮处理常用于受冲击力不大的耐磨件,如精密机床主轴、镗床镗杆、精密丝杠、排气阀、高速精密齿轮等。

（3）碳氮共渗。

碳氮共渗是在一定温度下同时将碳、氮渗入工件表层奥氏体中并以渗碳为主的化学热处理工艺。在生产中主要采用气体碳氮共渗。碳氮共渗后，进行淬火加低温回火。共渗淬火后，得到含氮马氏体，耐磨性比渗碳更好。共渗层相比渗碳层有较高的压应力，因而有更高的疲劳强度，耐蚀性也较好。

碳氮共渗工艺与渗碳工艺相比，具有时间短、生产效率高、表面硬度高、变形小等优点，但共渗层较薄，主要用于形状复杂，要求变形小的小型耐磨零件。

任务四　钢铁材料现场鉴别

钢铁材料现场鉴别方法有很多，但是首先必须了解钢铁材料的分类。

一、碳钢与合金钢

（一）碳钢

1. 钢的分类

根据钢中有害杂质硫、磷含量的多少，可分为普通质量钢（$\omega(P) \leqslant 0.045\%$，$\omega(S) \leqslant 0.05\%$）、优质钢（$\omega(P) \leqslant 0.035\%$，$\omega(S) \leqslant 0.035\%$）、高级优质钢（$\omega(P) \leqslant 0.03\%$，$\omega(S) \leqslant 0.02\%$）。

根据钢中碳的质量分数的多少，可分为低碳钢（$\omega(C) < 0.25\%$）、中碳钢（$0.25\% \leqslant \omega(C) \leqslant 0.6\%$）、高碳钢（$\omega(C) > 0.6\%$）。

根据钢的用途，可分为碳素结构钢和碳素工具钢。前者主要用于制作各种机器零件和工程结构件，一般属于低碳钢和中碳钢；后者主要用于制作各种量具、刀具和模具等，一般属于高碳钢。

按钢中合金元素含量多少，可分为低合金钢（合金元素总质量分数 $\omega(Me) \leqslant 5\%$）、中合金钢（$5\% < \omega(Me) \leqslant 10\%$）、高合金钢（$\omega(Me) > 10\%$）。

按钢材出厂最终产品可分为型钢、棒料、盘条、厚板、宽带、管材等。

2. 碳钢的牌号、性能和用途

碳素钢简称碳钢，它是含碳量小于 2.11% 的铁碳合金。碳钢随钢中含碳量的增多，铁素体数量逐渐减少，珠光体和渗碳体的数量不断增多，因而强度增高、塑性降低。低碳钢强度低而塑性、焊接性好；中碳钢强度好而塑性、焊接性较差，热处理后，可以显著提高强度和硬度；高碳钢塑性、焊接性很差，热处理后可得到很高的强度和硬度。硅、锰、硫、磷杂质含量对钢的性能有较大影响，其中硫、磷是钢中有害元素。当钢中硫含量较多，在 $800 \sim 1200\ ℃$ 进行压力加工时，由于共晶溶化，会使钢的各个晶体分离，从而引起钢的破裂，这种现象叫"热脆"；磷在 α-Fe 中会形成固溶体，使钢的强度、硬度有所增加，而塑性、韧性显著降低。特别是在低温时，钢的脆性急剧增加，这种现象叫"冷脆"。因而在钢的生产中必须严格控制硫、磷等杂质元素的含量。

碳素钢可分为碳素结构钢、优质碳素结构钢、碳素铸钢和碳素工具钢。

（1）碳素结构钢。

碳素结构钢是建筑及工程用非合金结构钢，价格相对低廉，主要保证力学性能。其牌号以"Q+数字+字母+字母"表示：数字表示屈服点值；第一个字母表示质量等级，第二个字母若为 F 表示沸腾钢，若为 b 则为半镇静钢，镇静钢不加字母。碳素钢中硫、磷的质量分数较高（$\omega(P) \leqslant 0.045\%$，$\omega(S) \leqslant 0.055\%$），用于制造一般工程结构件和普通机械零件。以Q235 钢在工业上应用最多，因为它既有一定的强度，又有较好的塑性。

碳素结构钢一般在供应状态下使用,必要时可进行锻造、焊接等热加工,也可通过热处理调整其力学性能。常用碳素结构钢的化学成分、力学性能和用途如表1-6所示。

表1-6　常用碳素结构钢的成分、力学性能及用途

牌号	等级	化学成分/(%)				脱氧方法	力学性能			应用举例
		C	Mn	S	P		R_{eL}/MPa	R_m/MPa	A/(%)	
				不大于						
Q195	—	0.06~0.12	0.25~0.50	0.050	0.045	F、b、Z	195	315~390	33	薄板、焊接钢管、钉子、地脚螺钉和轻载荷的冲压件等
Q215	A	0.09~0.15	0.25~0.55	0.050	0.045	F、b、Z	215	335~410	31	薄板、中板、钢筋、型钢、焊接螺母、连杆、拉杆、外壳、法兰等
	B			0.045						
Q235	A	0.14~0.22	0.30~0.65	0.050	0.045	F、b、Z	235	375~460	26	
	B	0.12~0.20	0.30~0.70	0.045						
	C	≤0.18	0.35~0.80	0.040	0.040	Z				
	D	≤0.17		0.035	0.035	TZ				
Q255	A	0.18~0.28	0.40~0.70	0.050	0.045	Z	255	410~510	24	拉杆、连杆、键轴、销钉及强度要求较高的零件
	B			0.045				490~610		
Q275	—	0.28~0.38	0.50~0.80	0.050	0.045	Z	275		20	

　　(2)优质碳素结构钢。

　　这类钢必须同时保证力学性能和化学成分,硫、磷的质量分数不大于0.035%,广泛应用于较重要的机械零件,以45钢应用最广。其牌号采用两位数字表示,这两位数字表示钢中平均碳质量分数为万分之几,如40钢,表示钢中碳的质量分数平均为0.40%。根据含碳量不同,优质碳素结构钢又可分为低碳钢、中碳钢和高碳钢三类。常用优质碳素结构钢的力学性能和用途如表1-7所示。优质碳素结构钢在使用前一般要进行热处理。

表1-7　常用优质碳素结构钢的力学性能和用途

牌号	力学性能					用　途
	R_{eL}/MPa	R_m/MPa	A/(%)	Z/(%)	α_k/(J/cm²)	
08	195	325	33	60	—	这类低碳钢由于强度低,塑性好,一般用于制造受力不大的冲压件,如螺栓、螺母、垫圈等。经过渗碳处理或氰化处理可用于制造表面要求耐磨、耐腐蚀的机械零件,如凸轮、滑块等
10	205	335	31	55	—	
15	225	375	27	55	—	
20	245	410	25	55	—	
25	275	450	23	50	88.3	

牌号	力学性能					用　　途
	R_{eL}/MPa	R_m/MPa	A/(%)	Z/(%)	α_k/(J/cm²)	
30	295	490	21	50	78.5	这类中碳钢的综合力学性能和切削加工性均较好,可用于制造受力较大的零件,如主轴、曲轴、齿轮等
35	315	530	20	45	68.7	
40	335	570	19	45	58.8	
45	335	600	16	40	49	
50	375	630	14	40	39.2	
55	380	645	13	35	—	这类高碳钢有较高的强度、弹性和耐磨性,主要用于制造凸轮、车轮、螺旋弹簧和钢丝绳等
60	400	675	12	30	—	
65	400	695	10	35	—	

（3）碳素铸钢。

碳素铸钢是冶炼后直接铸造成毛坯或零件的一种钢,它适用于形状复杂且韧性、强度要求较高的零件。其牌号用 ZG 加两组数字表示。两组数字分别表示材料的屈服强度和抗拉强度。如 ZG200-400 表示屈服强度为 200 MPa、抗拉强度为 400 MPa 的铸钢。

碳素铸钢的 ω(C) 一般在 0.15%～0.60% 范围内,过高则塑性差,易产生裂纹。一般工程用碳素铸钢的化学成分、力学性能和用途如表 1-8 所示。

表 1-8　常用碳素铸钢的化学成分、力学性能和用途

铸钢牌号	化学成分(质量分数)/(%)				室温下试样的力学性能					用　　途
	C	Si	Mn	S,P	R_{eL}/MPa	R_m/MPa	$A_{11.3}$/(%)	Z/(%)	α_k/(J/cm²)	
ZG200-400	0.20	0.50	0.80	0.04	200	400	25	40	60	有良好的塑性、韧性和焊接性能,用于受力不大,要求韧性好的各种机械零件,如机座、变速箱壳等
ZG230-450	0.30				230	450	22	32	45	有一定强度和较好的塑性、韧性和焊接性能。用于受力不大,要求韧性好的各种机械零件,如外壳、轴承盖、底板等
ZG270-500	0.40		0.90		270	500	18	25	35	有较高的强度和较好的塑性,铸造性能良好。焊接性能尚好,切削性好,用作轴承座、箱体、曲轴和缸体等
ZG310-570	0.50	0.60			310	570	15	21	30	强度和切削性良好,塑性、韧性较低,用于载荷较高的零件,如大齿轮、缸体和制动轮等
ZG340-640	0.60				340	640	10	18	20	有高的强度、硬度和耐磨性,切削性、流动性好,焊接性较差。用作起重运输机齿轮、联轴器等重要零件

（4）碳素工具钢。

碳素工具钢中碳的质量分数一般为 0.65%～1.35%。因其含碳量高，硬度高，耐磨性好，生产成本也不高，故常用于制造低速、手动刀具及常温下使用的各种刃具、模具、量具等。碳素工具钢的牌号以"T＋数字＋字母"表示。数字表示钢中碳的质量分数平均为千分之几。如为高级优质碳素工具钢，则在数字后加字母 A，如 T8A 表示碳的质量分数为 0.8% 的优质碳素工具钢。表 1-9 所示为碳素工具钢的牌号、成分、性能及用途。

表 1-9 碳素工具钢的牌号、成分、性能及用途

牌号	化学成分/（%）						硬度		应用举例
	C	Mn	Si	S	P		供应状态硬度/HBS	淬火后硬度/HRC	
T7	0.65～0.74	≤0.40	≤0.35	≤0.030	≤0.035		≤187	≥62	承受冲击、要求韧性较好的工具，如凿子、风动工具、木工用锯等
T8	0.75～0.84								用于冲击不大、硬度要求较高的工具，如小冲模、木工用铣刀、斧、凿、圆锯片及虎钳钳口等
T8Mn	0.80～0.90	0.40～0.60							
T9	0.85～0.94						≤192		用于硬度较高，有一定韧性要求，不受剧烈冲击的工具，如冲模、饲料机切刀等
T10	0.95～1.04						≤197		
T11	1.05～1.14	≤0.40					≤207		用于不受冲击载荷、切削速度不高的工具或耐磨机件，如锉刀、刮刀等
T12	1.15～1.24								
T13	1.25～1.35						≤217		用于不受冲击、硬度要求高的工具，如剃刀、刮刀、刻字刀等

（二）合金钢

所谓合金钢是为了改善或提高钢的性能，在碳钢基础上有意识地加入一种或数种合金元素所制成的钢，常用的合金元素有 Si、Mn、Ni、W、Mo、Ti 和 V 等。合金钢根据用途不同可分为三类：合金结构钢、合金工具钢和特殊性能钢。

1. 合金结构钢

合金结构钢是合金钢中用途最广、用量最大的一类钢，常用于制造重要的零件。根据具体用途不同，合金结构钢可分为普通低合金钢、渗碳钢、调质钢、弹簧钢和滚动轴承钢等。合金结构钢的编号方法是"两位数字＋元素符号＋数字＋…"，前两位数字表示碳的质量分数平均为

万分之几;元素符号表示所含的合金元素;元素符号后面的数字表示该元素平均质量分数为百分之几,当某元素的质量分数小于 1.5% 时,只标元素符号,不标数字。若为优质钢,则在后面加注 A。如 65Si2Mn 表示碳的质量分数平均为 0.65%,硅的质量分数平均约为 2%,锰的质量分数小于 1.5%。常用合金结构钢的牌号、成分、性能和用途如表 1-10 所示。

表 1-10　常用合金结构钢的牌号、成分、性能及用途

钢类	牌号	化学成分/(%)						力学性能				应用举例
		C	Si	Mn	Cr	Mo	Ti	R_{eL} /MPa	R_m /MPa	A /(%)	α_k /(J/cm²)	
普通低合金钢	16Mn	0.12~0.20	0.20~0.55	1.20~1.60	—	—	—	350	520	21	59	桥梁、车辆、高压容器、船舶等
渗碳钢	20Cr	0.18~0.24	0.17~0.37	0.50~0.80	0.70~1.00	—	—	540	835	10	59	齿轮、齿轮轴、凸轮、活塞销等
	20Cr-MnTi	0.17~0.23	0.17~0.37	0.80~1.60	1.00~1.30	—	0.04~0.10	835	1080	10	70	受力较大的齿轮、轴、十字头、爪形离合器等
调质钢	40Cr	0.37~0.44	0.17~0.37	0.50~0.80	0.80~1.10	—	—	785	980	9	60	齿轮、连杆、主轴、高强度紧固件等
	35CrMo	0.32~0.40	0.17~0.37	0.40~0.70	0.80~1.10	0.15~0.25	—	835	980	12	80	锤杆、连杆、轧钢机曲轴、电机轴、紧固件等
弹簧钢	65Mn	0.62~0.64	0.17~0.37	0.90~1.20	—	—	—	800	1000	—	—	8～15 mm 及以下的小型弹簧
	65Si2Mn	0.56~0.64	1.50~2.00	0.60~0.90	—	—	—	1200	1300	—	—	25～30 mm 的弹簧
滚动轴承钢	GCr15	0.95~1.05	0.15~0.35	0.20~0.40	1.30~1.65	—	—	—	—	—	—	滚动轴承元件

(1) 普通低合金钢。

低合金钢是在低碳钢的基础上,加入少量合金元素发展起来的。合金元素以锰为主,此外还有钒、钛、铝、铌等元素。低合金钢具有良好的焊接性,较好的韧性、塑性,强度显著高于相同含碳量的碳钢。低合金钢一般在热轧或正火状态下使用。

常用普通低合金钢的牌号有 Q295、Q345、Q390、Q420 等,其中 Q345(16Mn) 钢应用最广泛。

(2) 渗碳钢。

渗碳钢主要用于制造高耐磨性、承受动载荷的零件。这类钢采用低碳成分,经表面渗碳进行成分调整,再结合淬火和低温回火热处理,能够使零件表面具有良好的耐磨性和疲劳强

度,而心部有良好的韧性和足够的强度。渗碳钢热处理加工工艺一般为:下料→锻造→预备热处理→渗碳→机械加工→淬火、回火→磨削精加工。

渗碳钢零件的使用性能远高于中碳钢表面淬火后的性能。常用的渗碳钢有 15、20Cr、20CrMnTi、18Cr2Ni4W 等,它们主要用于制造中小齿轮、蜗杆、活塞销等,其中尤以 20CrMnTi 应用最为广泛。

（3）调质钢。

调质钢是在中碳钢（20 钢、35 钢、45 钢、50 钢）基础上加入一种或几种合金元素（如 Mn、Si、Cr、B、Mo 等）,经淬火和高温回火热处理（即调质）后所得到的合金钢,它具有较高强度和良好韧性,综合力学性能良好。调质钢加工工艺一般为:下料→锻造→预备热处理→机械加工（粗加工）→调质→机械加工（半精加工）→表面淬火或渗碳→精加工。硬度要求较低的调质零件,可采用"毛坯→调质→机械加工"的工艺路线。

常用的调质钢有 45、40Cr、38CrMoAlA 等,主要用于制造重要的机器零件,如传动轴、机床齿轮、曲轴、连杆、螺栓等,其中 40Cr 应用最为广泛。

（4）弹簧钢。

弹簧钢采用高碳成分以保证强度,通过淬火和中温回火热处理,以满足高弹性极限、疲劳极限和足够韧性的要求。弹簧工作时表面层的应力最大,如果表面脱碳、贫碳,会使表面强度降低,寿命大大缩短。所以尺寸较大或承受动载荷的重要弹簧,应采用弹簧钢制造。为了进一步提高弹簧的使用寿命,可以采取喷丸处理进行表面强化,采用形变处理提高强韧性。常用的弹簧钢有 65、65Mn、60Si2Mn、50CrVA 等,最有代表性的是 60Si2Mn。

对于冷成形弹簧,成形后只需在 250～300 ℃范围内进行去应力退火,消除冷成形时产生的应力,稳定尺寸。适用于加工 $D<10$ mm 的小型弹簧。对于热成形弹簧,工艺过程为"下料→加热→卷簧成形→淬火→中温回火→试验→验收",适用于加工大型弹簧。

（5）滚动轴承钢。

滚动轴承钢是制造各类滚动轴承的滚动体及内、外套圈的专用钢。滚动轴承在交变应力下工作,各部分之间因相对滑动而产生强烈摩擦,还受到润滑剂的化学浸蚀。因此,轴承钢必须具有较高的硬度和耐磨性、较高的弹性极限和接触疲劳强度,以及足够的韧性和抗蚀性。目前常用的是铬轴承钢（GCr9、GCr15、GCr15SiMn 等）。滚动轴承钢的热处理主要是在锻造后进行球化退火,制成零件后进行淬火和低温回火。

（6）超高强度钢。

超高强度钢一般指 $R_{eL}>1380$ MPa、$R_m>1500$ MPa 的特殊质量合金钢。它是在合金调质钢的基础上加入多种合金元素复合强化生产的（如 35Si2MnMoVA、40SiMnCrWMoRE 等）,主要用于航天、航空工业中。

2. 合金工具钢

合金工具钢主要用于制造刀具、模具和量具等。钢中的合金元素可增加钢的淬透性、耐磨性、热硬性。因此,合金工具钢主要用于制造形状复杂、尺寸较大、要求变形小或切削速度较高的工模具。合金工具钢的编号方法为"一位数字（或无数字）＋元素符号＋数字＋…"。前面的数字表示碳的质量分数平均为千分之几,但当碳的质量分数大于 1.0%时,在钢号中不标出。合金工具钢按用途又分为刀具钢、模具钢、量具钢。表 1-11 列出了常用合金工具钢的牌号、成分和用途。

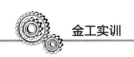

表 1-11　常用合金工具钢的牌号、成分和用途

钢类	牌号	化学成分/（%）							应用举例
		C	Si	Mn	Cr	W	Mo	V	
低合金工具钢	9SiCr	0.85～0.95	1.20～1.60	0.30～0.60	0.95～1.25	—	—	—	用于制造切削不剧烈的板牙、丝锥、铰刀、拉刀、冷冲模、冷轧辊等
	CrWMn	0.90～1.05	≤0.40	0.80～1.10	0.90～1.20	1.20～1.60			
高速工具钢	W18Cr4V	0.70～0.80	0.20～0.40	0.10～0.40	0.90～1.20	1.20～1.60			高速切削的钻头、车刀、铣刀、齿轮刀具、拉刀、刨刀和冷冲模具等
	W6Mo5Gr4V2	0.80～0.90	0.20～0.45	0.15～0.40	3.80～4.40	5.50～6.75	4.50～5.50	1.75～2.20	
热作模具钢	5CrMnMo	0.50～0.60	0.25～0.60	1.20～1.60	0.60～0.90		0.15～0.30		中型锻模等
	3CrW8V	0.30～0.40	≤0.04	≤0.04	2.20～2.70	7.50～9.00		0.20～0.50	压铸模、热剪切刀、热锻模等
冷作模具钢	Cr12	2.00～2.30	≤0.40	≤0.40	2.20～2.70	7.50～9.00		0.20～0.50	冷冲模、冷剪切刀、螺纹滚模、拉丝模等
	Cr12MoV	1.45～1.70	≤0.40	≤0.40	11.00～12.50		0.40～0.60	0.15～0.30	工作任务繁重的冷冲模、冷剪切刀、搓丝板、圆锯等

（1）刃具钢。

刃具切削时受切削力作用，切削发热，还会有一定的冲击和震动，因此要求有高强度、高硬度、高耐磨性、高热硬性、足够的塑性和韧性。

合金刃具钢（Cr06、9SiCr 等）中 $\omega(C)$ 一般在 0.9%～1.1% 之间，常加入 Cr、Mn、Si、W、V 等合金元素。这类钢的最高工作温度不超过 300 ℃。高速钢的 $\omega(C)$ 在 0.7% 以上，最高可达 1.5% 左右，加入 $\omega(Cr)$ 为 4% 的 Cr 可使钢具有最好的切削加工性能，加入 W、Mo 保证了高的热硬性，加入 V 可提高耐磨性。高速钢的性能将在后面的章节中作进一步的介绍。9SiCr 钢中因加入了合金元素，提高了淬透性，因此多用作丝锥、板牙、钻头、铰刀等；W18Cr4V 钢因热硬性高、加工性好，广泛应用于一般高速切削刀具，如车刀、铣刀、刨刀、钻头等。

（2）模具钢。

模具钢分为冷模具钢和热模具钢。冷模具钢工作时有很大的压力、弯曲力、冲击载荷和摩擦，主要损坏形式是磨损，也常出现断裂和变形等失效现象。因此，冷模具钢要求具有高硬度、高耐磨性、足够的韧性与疲劳强度以及热处理变形小的特性。冷模具钢（Cr12、Cr12MoV 等）用于制造各种冷冲模、冷挤压模和拉丝模等，工作温度为 200～300 ℃。

热模具钢工作中有很大的冲击载荷，摩擦和剧烈的冷热循环所引起的不均匀热应变和热应力以及高温氧化，常出现崩裂、塌陷、磨损、龟裂等失效现象。因此，热模具钢要求具有较高的热硬性、高温下较好的耐磨性、较高的抗氧化性能、较高的热强性和足够高的韧性。热模具钢（5CrMnMo、5CrNiMo 等）用于制造各种热锻模、热挤压模和压铸模等，工作时型腔表面温度可达 600 ℃以上。

（3）量具钢。

量具在使用过程中主要承受磨损。对量具钢的性能要求是：较高的硬度（不小于 56

HRC)和耐磨性,较高的尺寸稳定性。为保证量具在使用过程中尺寸的稳定性,常通过降低淬火温度来减少残余奥氏体量,淬火后立即进行－80～－70 ℃的冷处理,使残余奥氏体尽可能地转变为马氏体,然后进行低温回火或进一步进行时效处理。

量具钢用于制造各种测量工具,如螺旋测微仪、块规和塞规等。尺寸小、形状简单、精度较低的量具用高碳钢制造;复杂的、较精密的量具一般用低合金刃具钢制造;CrWMn 的淬透性较高,淬火变形很小,可用于制造精度要求高、形状复杂的量规及块规;GCr15 的耐磨性、尺寸稳定性较好,多用于制造高精度块规、螺旋塞头、千分尺等。

二、铸铁

铸铁主要是指由铁、碳、硅组成的合金的总称,其中 $\omega(C)$ 为 2%～4%,铸铁有良好的减振、减磨作用,良好的铸造性能及切削加工性能,且价格低。

根据碳在铸铁中存在的形式及石墨的形态,可将铸铁分为灰铸铁、球墨铸铁、蠕墨铸铁、可锻铸铁等。灰铸铁、球墨铸铁、蠕墨铸铁中的石墨都是自液体铁水中结晶而获得的,而可锻铸铁中的石墨则是由白口铸铁通过加热在石墨化过程中获得的。

1. 灰铸铁

根据国家标准规定,灰铸铁牌号由"HT"加表示最低抗拉强度 R_m 的一组数字组成。灰铸铁的组织是由片状石墨和钢的基体两部分组成的。钢的基体则可分为铁素体、铁素体＋珠光体、珠光体三种。

灰铸铁的性能与普通碳钢相比,具有力学性能差、耐磨性与减振性好、工艺性能好等特性。常用灰铸铁的牌号是 HT150、HT200,前者主要用于机械制造业承受中等应力的一般铸件,如底座、刀架、阀体、水泵壳等;后者主要用于一般运输机械和机床中承受较大应力和较重零件的部位,如气缸体、缸盖、机座、床身等。

2. 球墨铸铁

球墨铸铁牌号由"QT"加两组数字组成,前一组数字表示最低抗拉强度(R_m),后一组数字表示最低断后伸长率(A)。球墨铸铁中的石墨呈球状。

球墨铸铁兼有钢的高强度和灰铸铁的优良铸造性能,是一种很有发展前途的铸造合金,主要用来制造受力复杂、力学性能要求高的铸件。常用的球墨铸铁的牌号是 QT400-15、QT600-3,前者属铁素体型球墨铸铁,主要用于承受冲击、振动的零件,如汽车、拖拉机的轮毂,中低压阀门,电动机壳,齿轮箱等;后者属珠光体＋铁素体型球墨铸铁,主要用于载荷大、受力复杂的零件,如汽车和拖拉机的曲轴、连杆、气缸套等。

3. 蠕墨铸铁

蠕墨铸铁的牌号由"RuT"加一组数字组成,数字表示最低抗拉强度值。

蠕墨铸铁是一种新型铸铁,其中碳主要以蠕虫状的形态存在,其石墨形状介于片状和球状之间。蠕墨铸铁保留了灰铸铁工艺性能优良和球墨铸铁力学性能优良的特点,克服了灰铸铁力学性能低和球墨铸铁工艺性能差的缺点,日益引起人们的重视,目前主要用于生产气缸盖、钢锭模等铸件。蠕墨铸铁的缺点在于生产技术尚不成熟和成本偏高。

4. 可锻铸铁

可锻铸铁的牌号由"KT"及其后的 H(表示黑心可锻铸铁)或 Z(表示珠光体可锻铸铁),再加上分别表示最低抗拉强度和伸长率的两组数字组成。

可锻铸铁的石墨呈团絮状,它对基体的割裂程度较灰铸铁轻,因此,性能优于灰铸铁;其

在铁液处理、质量控制等方面又优于球墨铸铁。

可锻铸铁的典型牌号有 KTH350-10、KTH450-06 等,主要用于制造截面薄、形状复杂、韧性强又要求较高的零件,如低压阀门、连杆、曲轴、齿轮等零件。

三、钢铁材料的现场鉴别

1. 火花鉴别法

火花鉴别法是将钢铁材料轻轻压在旋转的砂轮上打磨,观察所迸射出的火花形状和颜色,以判断钢铁成分范围的方法。材料不同,其火花也不同。

2. 色标鉴别法

生产中为了表明金属材料的牌号、规格等,通常在材料上做一定的标记,常用的标记方法有涂色、打印、挂牌等。金属材料的涂色标志用以表示钢种、钢号,涂在材料一端的端面或外侧。成捆交货的钢应涂在同一端的端面上,盘条则涂在卷的外侧。具体的涂色方法在有关标准中做了详细的规定,生产中可以根据材料的色标对钢铁材料进行鉴别。常用钢材色标对应情况如下。

(1) 普通碳素钢。

Q195(1 号钢) 蓝色　　　Q215(2 号钢) 黄色　　　Q235(3 号钢) 红色　　　Q255(4 号钢) 黑色
Q275(5 号钢) 绿色　　　6 号钢 白色+黑色　　　7 号钢 红色+棕色

(2) 优质碳素结构钢。

5~15 号 白色　　　　　20~25 号 棕色+绿色　　　　　30~40 号 白色+蓝色
45~85 号 白色+棕色　　15Mn~40Mn 白色二条　　　　45Mn~70Mn 绿色三条

(3) 合金结构钢。

锰钢 黄色+蓝色　　　硅锰钢 红色+黑色　　　锰钒钢 蓝色+绿色　　　钼钢 紫色
钼铬钢 紫色+绿色　　钼铬锰钢 紫色+白色　　硼钢 紫色+蓝色　　　铬钢 绿色+黄色

3. 断口鉴别法

材料或零部件因受某些物理、化学或机械因素的影响而导致断裂所形成的自然表面称为断口。生产现场常根据断口的自然形态来断定材料的韧脆性,亦可据此判定相同热处理状态的材料含碳量的高低。若断口呈纤维状、无金属光泽、颜色发暗、无结晶颗粒且断口边缘有明显的塑性变形特征,则表明钢材具有良好的塑性和韧性,含碳量较低;若材料断口齐平,呈银灰色,具有明显的金属光泽和结晶颗粒,则表明材料发生了脆性断裂。

4. 音色鉴别法

生产现场有时也根据钢铁敲击时声音的不同,对其进行初步鉴别。例如,当原材料钢中混入铸铁材料时,由于铸铁的减振性较好,敲击时声音较低沉,而钢材敲击时则可发出较清脆的声音。

若要准确地鉴别材料,在以上几种现场鉴别方法的基础上,还应采用化学分析、金相检验、硬度试验等实验室分析手段对材料进行进一步的鉴别。

5. 锉痕鉴别法

该法使用的工具通常是圆锉、三角锉、菱形锉或半圆锉。鉴别时,用锉的尖端以一定的力度在零部件经过热处理的表面均匀锉过,观察零部件表面的锉痕,如果锉痕深且明显,说明钢材硬度低或未进行热处理;如果锉痕浅或无锉痕,说明钢材硬度高。有经验的技术人员也可以使用手锤敲击零部件的非工作面,根据敲击的深度判断钢材的材质或是否经过热处理。

任务五　常用量具的使用

在机械加工生产中,经常要对零部件的精度等进行测量,以确定零部件加工后是否符合设计图样上的技术要求。这些测量的对象主要包括零件的长度、角度、表面粗糙度、几何形状和相互位置误差等。

所谓测量是指为确定被测对象的量值而进行的实验过程,即测量是将被测量与测量单位或标准量在数值上进行比较,从而确定两者比值的过程。

一个完整的几何量测量过程应包括以下四个要素。

被测对象:指零件的几何量,包括长度、角度、形状和位置误差、表面粗糙度以及单键和花键、螺纹和齿轮等典型零件的各个几何参数。

计量单位:指几何量中的长度、角度单位。在我国规定的法定计量单位中,长度的基本单位为米(m),其他常用的长度单位有毫米(mm),微米(μm)。平面角的角度单位为弧度(rad)、微弧度(μ rad)及度(°)、分(′)、秒(″)。

测量方法:指测量时所采用的测量原理、计量器具和测量条件的综合,一般情况下,多指获得测量结果的方式方法。

测量精度:指测量结果与真值的一致程度,即测量结果的可靠程度。

在测量技术领域,还经常用到检验这种方法。检验是确定被检几何量是否在规定的极限范围内,从而判断其是否合格的过程。检验通常用量规、样板等专用定值无刻度量具来判断被检对象的合格性,所以它不能得到被测量的具体数值。

一、钢直尺、内外卡钳及塞尺

1. 钢直尺

钢直尺是最简单的长度量具,它的长度有 150 mm,300 mm,500 mm 和 1000 mm 四种规格。图 1-14 所示为常用的 150 mm 钢直尺。

图 1-14　150 mm 钢直尺

钢直尺用于测量零件的长度尺寸(见图 1-15),它的测量结果不太精确。这是由于钢直尺的刻线间距为 1 mm,而刻线本身的宽度就有 0.1～0.2 mm,所以测量时读数误差比较大,只能读出毫米数,即它的最小读数值为 1 mm,比 1 mm 小的数值只能估计而得。

2. 内外卡钳

图 1-16 所示为常见的两种内外卡钳。内外卡钳是最简单的比较量具。外卡钳是用来测量外径和平面的,内卡钳是用来测量内径和凹槽的。它们本身都不能直接读出测量结果,而是把测量得到的长度尺寸(直径也属于长度尺寸),在钢直尺上进行读数,或在钢直尺上先取下所需尺寸,再去检验零件的直径是否符合要求。

3. 塞尺

塞尺又称厚薄规或间隙片,主要用来检验机床特别紧固面和紧固面、活塞与气缸、活塞

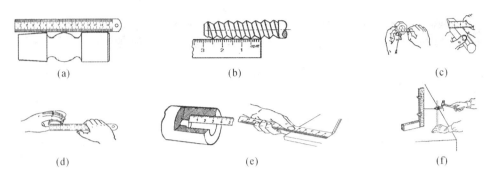

图 1-15 钢直尺的使用方法

(a) 量长度 (b) 量螺距 (c) 量宽度 (d) 量内孔 (e) 量深度 (f) 划线

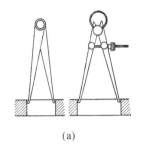

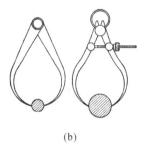

图 1-16 内外卡钳

(a)内卡钳 (b)外卡钳

图 1-17 塞尺

环槽和活塞环、十字头滑板和导板、进排气阀顶端和摇臂、齿轮啮合间隙等两个结合面之间的间隙大小。塞尺是由许多层厚薄不一的薄钢片(见图 1-17)按照塞尺的组别制成的,每把塞尺中的每一片具有两个平行的测量平面,且都有厚度标记,以供组合使用。测量时,根据结合面间隙的大小,用一片或数片重叠在一起塞进间隙内。例如用 0.03 mm 的一片能插入间隙,而 0.04 mm 的一片不能插入间隙,这说明间隙在 0.03~0.04 mm 之间,所以塞尺也是一种界限量规。

使用塞尺时必须注意下列几点:

(1) 根据结合面的间隙情况选用塞尺片数,但片数愈少愈好。

(2) 测量时不能用力太大,以免塞尺弯曲或折断。

(3) 不能测量温度较高的工件。

二、游标读数量具

应用游标读数原理制成的量具有:游标卡尺、游标高度尺、游标深度尺、游标量角尺(如万能量角尺)和齿厚游标卡尺等,用以测量零件的外径、内径、长度、宽度、厚度、高度、深度、角度以及齿轮的齿厚等,应用范围非常广泛。

1. 游标卡尺的结构形式

游标卡尺是一种常用的量具,具有结构简单、使用方便、精度中等和测量的尺寸范围大等特点,可以用它来测量零件的外径、内径、长度、宽度、厚度、深度和孔距等,应用范围很广。

游标卡尺有三种结构形式。

（1）测量范围为 0～125 mm 的游标卡尺，制成带有刀口形的上下量爪和带有深度尺的形式，如图 1-18 所示。

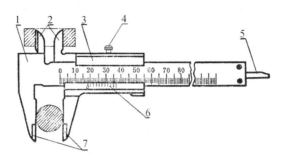

图 1-18　游标卡尺的结构形式之一

1—尺身；2—上量爪；3—尺框；4—紧固螺钉；5—深度尺；6—游标；7—下量爪

（2）测量范围为 0～200 mm 和 0～300 mm 的游标卡尺，可制成带有内外测量面的下量爪和带有刀口形的上量爪的形式，如图 1-19 所示。

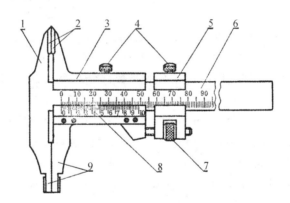

图 1-19　游标卡尺的结构形式之二

1—尺身；2—上量爪；3—尺框；4—紧固螺钉；5—微动装置；6—主尺；7—微动螺母；8—游标；9—下量爪

（3）测量范围为 0～200 mm 和 0～300 mm 的游标卡尺，也可制成只带有内外测量面的下量爪的形式，如图 1-20 所示。而测量范围大于 300 mm 的游标卡尺，只制成这种仅带有下量爪的形式。

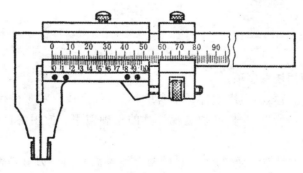

图 1-20　游标卡尺的结构形式之三

目前我国生产的游标卡尺的测量范围及其游标读数值见表 1-12。

表 1-12　游标卡尺的测量范围和游标卡尺读数值(mm)

测量范围	游标读数值	测量范围	游标读数值
0～25	0.02,0.05,0.10	300～800	0.05,0.10
0～200	0.02,0.05,0.10	400～1000	0.05,0.10
0～300	0.02,0.05,0.10	600～1500	0.05,0.10
0～500	0.05,0.10	800～2000	0.10

2. 游标卡尺的读数原理和读数方法

游标卡尺的读数机构由主尺和游标(见图 1-19 中的 6 和 8)两部分组成。当活动量爪与固定量爪贴合时,游标上的"0"刻线(简称游标零线)对准主尺上的"0"刻线,此时量爪间的距离为 0。当尺框向右移动到某一位置时,固定量爪与活动量爪之间的距离就是零件的测量尺寸。此时零件尺寸的整数部分,可在游标零线左边的主尺刻线上读出来,而比 1 mm 小的小数部分,可借助游标读数机构来读出。读数时可分三步:

(1) 先读整数——看游标零线的左边,尺身上最靠近的一条刻线的数值,读出被测尺寸的整数部分;

(2) 再读小数——看游标零线的右边,数出游标第几条刻线与尺身的数值刻线对齐,读出被测尺寸的小数部分(即游标读数值乘其对齐刻线的顺序数);

(3) 得出被测尺寸——把上面两次读数的整数部分和小数部分相加,就是卡尺的所测尺寸。

假如游标零线与尺身上表示 30 mm 的刻线正好对齐,则说明被测尺寸是 30 mm;如果游标零线在尺身上指示的尺数值比 30 mm 大一点,这时,被测尺寸的整数部分(为 30 mm),如上所述可从游标零线左边的尺身刻线上读出来,而比 1 mm 小的小数部分则是借助游标读出来的(图 1-21 中●所指刻线,为 0.70 mm),二者之和即被测尺寸 30.70 mm。

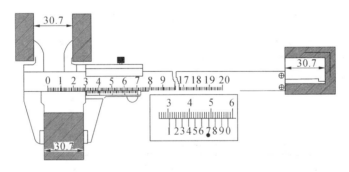

图 1-21　游标卡尺的读数

3. 游标卡尺的使用注意事项

量具使用得是否合理,不但影响量具本身的精度,且直接影响零件尺寸的测量精度,甚至可能发生质量事故。所以,我们必须重视量具的正确使用。使用游标卡尺测量零件尺寸时,必须注意下列几点:

(1) 测量前应把卡尺擦干净,检查卡尺的两个测量面和测量刃口是否平直无损,把两个量爪紧密贴合时,应无明显的间隙,同时游标和主尺的零线要相互对准。这个过程称为校对游标卡尺的零位。

（2）移动尺框时，活动要自如，不应过松或过紧，更不能有晃动现象。用固定螺钉固定尺框时，卡尺的读数不应有所改变。在移动尺框时，不要忘记松开固定螺钉。

（3）当测量零件的外尺寸时，卡尺两测量面的连线应垂直于被测量表面，不能歪斜。测量时，可以轻轻摇动卡尺，放正垂直位置，如图 1-22 所示。

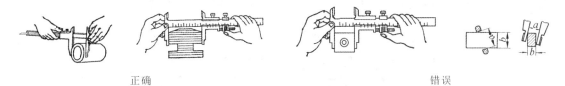

正确　　　　　　　　　　　　　　　　错误

图 1-22　测量外尺寸时正确与错误的位置

测量沟槽时，应当用量爪的平面测量刃进行测量，尽量避免用端部测量刃和刀口形量爪去测量外尺寸。而对于圆弧形沟槽尺寸，则应当用刀口形量爪进行测量，不应当用平面形测量刃进行测量，如图 1-23 所示。

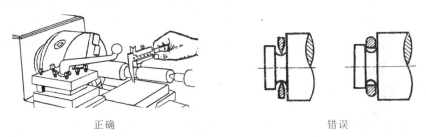

正确　　　　　　　　　　　　　　　　错误

图 1-23　测量沟槽时正确与错误的位置

测量沟槽宽度时，也要放正游标卡尺的位置，应使卡尺两测量刃的连线垂直于沟槽，不能歪斜；否则，量爪若在如图 1-24 所示的错误的位置上，将使测量结果不准确（可能大也可能小）。

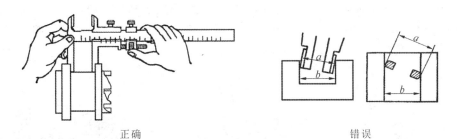

正确　　　　　　　　　　　　　　　　错误

图 1-24　测量沟槽宽度时正确与错误的位置

（4）当测量零件的内尺寸时，如图 1-25 所示，要使量爪分开的距离小于所测内尺寸，进入零件内孔后，再慢慢张开并轻轻接触零件内表面，用固定螺钉固定尺框后，轻轻取出卡尺来读数。取出量爪时，用力要均匀，并使卡尺沿着孔的中心线方向滑出，不可歪斜，以免使量爪扭伤。量爪变形和受到不必要的磨损会使尺框走动，影响测量精度。

图 1-25　内孔的测量方法

卡尺两测量刃应在孔的直径上，不能偏斜。图 1-26 所示为带有刀口形量爪和带有圆柱面形量爪的游标卡尺在测量内孔时正确和错误的位置。当量爪在错误位置时，其测量结果

将比实际孔径 D 要小。

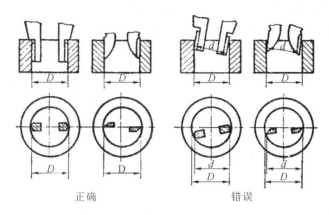

正确　　　　　　　错误

图 1-26　测量内孔时正确与错误的位置

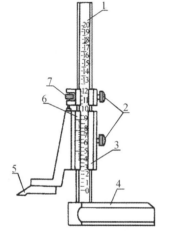

图 1-27　游标高度尺

1—主尺;2—紧固螺钉;3—尺框;4—基座;
5—量爪;6—游标;7—微动装置

4. 游标高度尺

游标高度尺如图 1-27 所示,用于测量零件的高度和精密划线。它的结构特点是用质量较大的基座 4 代替固定量爪 5,而动的尺框 3 则通过横臂装有测量高度和划线用的量爪,量爪的测量面上镶有硬质合金,提高量爪使用寿命。高度游标卡尺的测量工作,应在平台上进行。当量爪的测量面与基座的底平面位于同一平面时,如在同一平台平面上,主尺 1 与游标 6 的零线相互对准。所以在测量高度时,量爪测量面的高度就是被测量零件的高度尺寸,它的具体数值,与游标卡尺一样可在主尺(整数部分)和游标(小数部分)上读出。应用游标高度尺划线时,调好划线高度,用紧固螺钉 2 把尺框锁紧后,也应在平台上先进行调整再划线。图 1-28 所示为游标高度尺的应用。

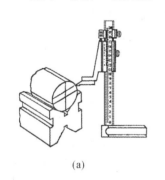

(a)

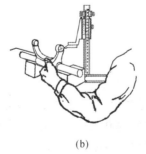

(b)

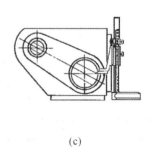

(c)

图 1-28　游标高度尺的应用

(a)划偏心线　(b)划拨叉轴　(c)划箱体

5. 游标深度尺

游标深度尺如图 1-29 所示,用于测量零件的深度尺寸或台阶高低以及槽的深度。

它的结构特点是尺框 3 的两个量爪连在一起成为一个带游标的测量基座 1,基座的端面和尺身 4 的端面就是它的两个测量面。当测量内孔深度时应把基座的端面紧靠在被测孔的

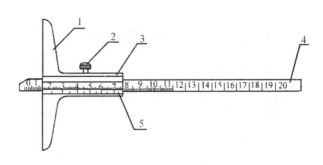

图 1-29　游标深度尺

1—测量基座；2—紧固螺钉；3—尺框；4—尺身；5—游标

端面上，使尺身与被测孔的中心线平行，伸入尺身，则尺身端面至基座端面之间的距离，就是被测零件的深度尺寸。它的读数方法和游标卡尺完全一样。测量时，先把测量基座轻轻压在工件的基准面上，两个端面必须接触工件的基准面，如图 1-30（a）所示。测量轴类的台阶时，测量基座的端面一定要压紧基准面，如图 1-30（b）、（c）所示，再移动尺身，直到尺身的端面接触到工件的量面（台阶面）上，然后用紧固螺钉固定尺框，提起卡尺，读出深度尺寸。多台阶小直径的内孔深度测量，要注意尺身的端面是否在要测量的台阶上，如图 1-30（d）。当基准面是曲线时，如图 1-30（e），测量基座的端面必须放在曲线的最高点上，这样测量出的深度尺寸才是工件的实际尺寸，否则会出现测量误差。

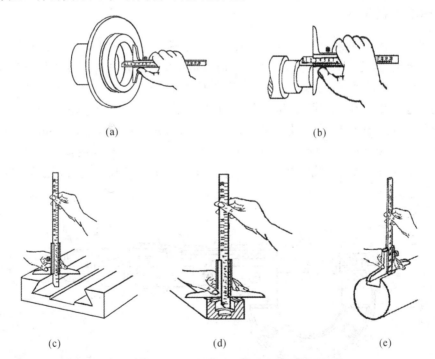

图 1-30　游标深度尺的使用方法

以上所介绍的各种游标卡尺都存在一个共同的问题，就是读数不很清晰，容易读错。为解决这些问题，厂家设计生产了带表游标卡尺和数字显示游标卡尺，如图 1-31、图 1-32所示。

图 1-31 带表游标卡尺

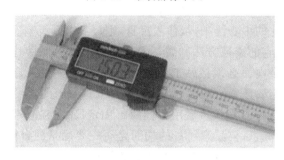

图 1-32 数字显示游标卡尺

三、螺旋测微量具

应用螺旋测微原理制成的量具,称为螺旋测微量具。它们的测量精度比游标卡尺高,并且测量比较灵活,因此,当加工精度要求较高时多被应用。常用的螺旋读数量具有外径千分尺、内径千分尺、杠杆千分尺、深度千分尺、壁厚千分尺、公法线千分尺。本节主要以外径千分尺为例进行介绍。图 1-33 所示为外径千分尺的结构图,它由尺架、测微装置、测力装置和锁紧装置等组成。其规格是按其测量范围来表示的,常用的有 $0\sim25$ mm、$25\sim50$ mm、$50\sim75$ mm、$75\sim100$ mm、$100\sim125$ mm、$125\sim150$ mm 六种,其分度值一般为 0.01 mm。一般千分尺均附有调零的专用小扳手,测量下限不为零的千分尺还附有用于调整零位的标准棒。

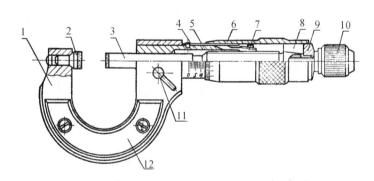

图 1-33 $0\sim25$ mm 外径千分尺

1—尺架;2—固定测砧;3—测微螺杆;4—螺纹轴套;5—固定刻度套筒;6—微分筒;
7—调节螺母;8—接头;9—垫片;10—测力装置;11—锁紧螺钉;12—绝热板

1. 外径千分尺的刻度原理和读数方法

如图 1-34 所示,在千分尺的固定套管轴向刻有一条基线,基线的上、下方都刻有间距为 1 mm 的刻线,上、下刻线错开 0.5 mm。微分筒的圆锥面上刻有 50 等分格。因为测微螺杆和固定套管的螺距都是 0.5 mm,所以当微分筒旋转一圈时,测微螺杆就移动 0.5 mm,同时,微分筒就遮住或露出固定套管上的一条刻线,当微分筒旋转一格时,测微螺杆就移动 0.5/50＝0.01 mm,即千分尺的测量精度为 0.01 mm。读数时,先从固定套管上读出毫米数与半毫米数,再看基线对准微分筒上哪格及其数值,即多少个 0.01 mm,把两次读数相加就是测量的完整数值。图 1-33(a)中,固定套管上露出来的数值是 7.5 mm,微分筒上第 39 格线与固定套管上基线正对齐,即数值为 0.39 mm,此时,千分尺的正确读数为 7.5＋0.39＝7.89(mm);图 1-33(b)和(c)中,千分尺的正确读数分别为 8＋0.35＝8.35(mm)和 0.5＋0.09＝0.59(mm)。

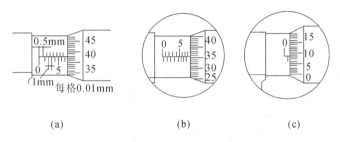

图 1-34　千分尺的刻度和读数示例

2. 外径千分尺的使用注意事项

(1) 测量前,先将测量面擦净,并检查零位,具体检查方法是:用测力装置使测量面与标准棒两端面接触,观察微分筒前端面与固定套管零线、微分筒零线与固定套管基线是否重合,如不重合,应通过附带的专用小扳手转动固定套管来进行调整。

(2) 测量时,千分尺应摆正,先用手转动活动套管,当测量面接近工件时,改用测力装置的螺母转动,直至听到"咔咔"声为止。

(3) 读数时,要特别注意不要多读或少读 0.5 mm。

(4) 不准测量毛坯或表面粗糙的工件,不准测量正在旋转发热的工件,以免损伤测量面或得不到正确的读数。

四、指针式量具

指针式量具是以指针指示出测量结果的量具。车间常用的指针式量具有:百分表、千分表、杠杆百分表和内径百分表等,主要用于校正零件的安装位置,检验零件的形状精度和相互位置精度,以及测量零件的内径等。

1. 百分表(千分表)

(1) 百分表(千分表)的结构。

百分表(千分表)的外形如图 1-35 所示,8 为测量杆,6 为指针,表盘 3 上刻有 100 个等分格,其刻度值(即读数值)为 0.01 mm。当指针转一圈时,小指针即转动一小格,转数指示盘 5 的刻度值为 1 mm。用手转动表圈 4 时,表盘 3 也跟着转动,可使指针对准任一刻线。测量杆 8 是沿着套筒 7 上下移动的,套筒 7 可用于安装百分表。9 是测量头,2 是手提测量杆用的圆头。图 1-36 是百分表内部结构的示意图。带有齿条的测量杆 1 的直线移动通过齿轮传动(Z_1、Z_2、Z_3),转变为指针 2 的回转运动。齿轮 Z_4 和弹簧 3 使齿轮传动的间隙始终在一

个方向,起着稳定指针位置的作用。弹簧 4 是用于控制百分表的测量压力的。百分表内的齿轮传动机构,使测量杆直线移动 1 mm 时,指针正好回转一圈。

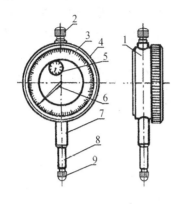

图 1-35　百分表

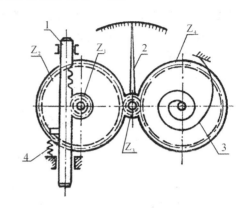

图 1-36　百分表的内部结构

（2）百分表和千分表的使用注意事项。

由于千分表的读数精度比百分表高,因此百分表适用于尺寸精度为 IT6～IT8 级零件的校正和检验;千分表则适用于尺寸精度为 IT5～IT7 级零件的校正和检验。百分表和千分表按其制造精度,可分为 0 级、1 级和 2 级三种,0 级精度较高。使用时,应按照零件的形状和精度要求,选用合适的百分表或千分表的精度等级和测量范围。使用百分表和千分表时,必须注意以下几点。

① 使用前,应检查测量杆活动的灵活性,即轻轻推动测量杆时,测量杆在套筒内的移动要灵活,没有任何轧卡现象,且每次放松后,指针能回到原来的刻度位置。

② 使用百分表或千分表时,必须把它固定在可靠的夹持架上（如固定在万能表架或磁性表座上,如图 1-37 所示）,夹持架要安放平稳,以免使测量结果不准确或摔坏百分表。

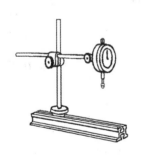 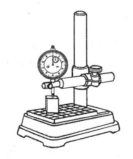 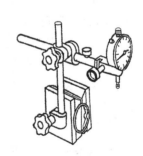

图 1-37　安装在专用夹持架上的百分表

③ 用夹持百分表的套筒来固定百分表时,夹紧力不要过大,以免因套筒变形而使测量杆活动不灵活。

④ 在使用百分表和千分表的过程中,要严格防止水、油和灰尘渗入表内,测量杆上也不要加油,以免粘有灰尘的油污进入表内,影响表的灵活性。

⑤ 百分表和千分表不使用时,应使测量杆处于自由状态,以免表内的弹簧失效。如内径百分表上的百分表不使用时,应拆下来保存。

⑥ 测量零件时,测量杆必须垂直于被测量表面,如图 1-38 所示,即使测量杆的轴线与被测量尺寸的方向一致,否则将使测量杆活动不灵活或使测量结果不准确。

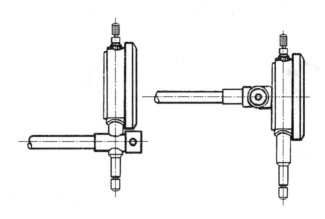

图 1-38　百分表安装方法

2. 内径百分表

（1）内径百分表的结构及原理。

内径百分表是内量杠杆式测量架和百分表的组合，如图 1-39 所示。用以测量或检验零件的内孔、深孔直径及其形状精度。

在三通管 3 的一端装有活动测量头 1，另一端装有可换测量头 2，垂直管口一端通过连杆 4 装有百分表 5。活动测量头 1 的移动，使传动杠杆 7 回转，通过活动杆 6 推动百分表的测量杆，使百分表指针产生回转。由于杠杆 7 的两侧触点是等距离的，当活动测量头移动 1 mm 时，活动杆也移动 1 mm，推动百分表指针回转一圈。所以，活动测量头的移动量，可以在百分表上读出来。两触点量具在测量内径时，不容易找正孔的直径方向，定心护桥 8 和弹簧 9 就起帮助找正直径位置的作用，使内径百分表的两个测量头正好在内孔直径的两端。活动测量头的测量压力由活动杆 6 上的弹簧控制，保证测量压力一致。内径百分表活动测量头的移动量，小尺寸的只有 0～1 mm，大尺寸的可有 0～3 mm，它的测量范围是由更换或调整可换测量头的长度来达到的。因此，每个内径百分表都附有成套的可换测量头。

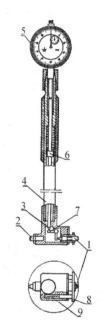

图 1-39　内径百分表

（2）内径百分表的使用方法。

内径百分表用来测量圆柱孔，它附有成套的可调测量头，使用前必须先进行组合和零位校对，如图 1-40 所示。组合时，将百分表装入连杆内，使小指针指在 0～1 的位置上，长针和连杆轴线重合，刻度盘上的字应垂直向下，以便于测量时观察，装好后应予紧固。粗加工时，最好先用游标卡尺或内卡钳测量。因内径百分表同其他精密量具一样属贵重仪器，其好坏与精确度直接影响到工件的加工精度和使用寿命，而粗加工时工件加工表面粗糙不平，会使测量不准确，也易使测头磨损。因此，须对内径百分表加以爱护和保养，精加工时再进行测量。

用内径百分表测量内径是一种比较量法，测量前应根据被测孔径的大小，在专用的环规或百分尺上调整好尺寸。调整内径百分表的尺寸时，选用可换测量头的长度及其伸出的距离（大尺寸内径百分表的可换测量头，是用螺纹旋上去的，故可调整伸出的距离，小尺寸的不能调整），应使被测尺寸在活动测量头总移动量的中间位置，如图 1-41 所示为用外径百分尺调整尺寸。

图 1-40　内径百分表的组合与校准

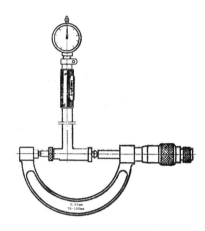

图 1-41　用外径百分尺调整尺寸

测量时，连杆中心线应与工件中心线平行，不得歪斜，同时应在圆周上多测几个点，找出孔径的实际尺寸，看是否在公差范围以内，如图 1-42 所示。

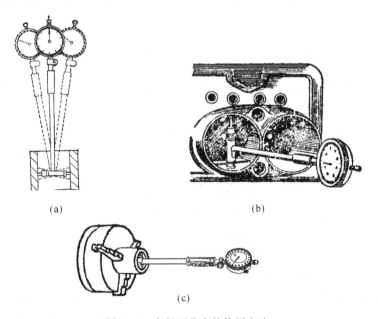

(a)　　　　　　　　　　　　　(b)

(c)

图 1-42　内径百分表的使用方法

任务六　金属切削的基本知识

切削加工是利用切削刀具从毛坯上切除多余的材料，以获得所需的形状、尺寸精度和表面粗糙度的加工方法。切削加工在工业生产中占有非常重要的地位，除了少数零件可以用铸造和锻造获得外，大部分的零件都要经过切削加工。

一、切削运动与切削三要素

1. 切削运动

在切削加工时,按工件与刀具相对运动所起的作用来分,切削运动可分为主运动和进给运动。

(1)主运动。

切削加工中,主运动是刀具与工件之间最主要的相对运动,它消耗功率最多,速度最高。主运动必须有且只有一个。

主运动可以是旋转运动(如车削、镗削中主轴的运动),如图 1-43 所示,也可以是直线运动(如牛头刨床刨削、拉削中的刀具运动),如图 1-44 所示。

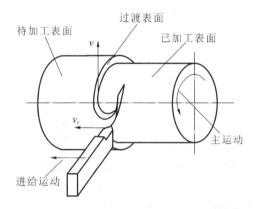

图 1-43 车削加工时的运动和工件上的表面

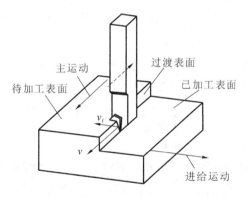

图 1-44 刨削加工时的运动和工件上的表面

(2)进给运动。

进给运动是刀具与工件之间产生的附加相对运动,配合主运动,不断将多余的金属投入切削以保持切削连续进行或反复进行的运动。一般而言,进给运动速度较低,消耗功率较少。

进给运动可由刀具完成(如车削、钻削),也可由工件完成(如铣削),进给运动不限于一个(如滚齿),个别情况也可以没有进给运动(如拉削)。

切削时工件上会形成三个不断变化着的表面,分别为已加工表面、待加工表面和过渡表面(见图 1-43 和图 1-44),其定义分别为:

① 已加工表面 工件上经刀具切削后产生的表面。

② 待加工表面　工件上将被切去一层金属的表面。

③ 过渡表面　工件上正在被切削的表面。

2. 切削三要素

切削用量是切削加工过程中切削速度、进给量和背吃刀量(切削深度)的总称。它是用于调整机床、计算切削力、切削功率、核算工序成本等所必需的参数。车削时的切削要素如图 1-45 所示。

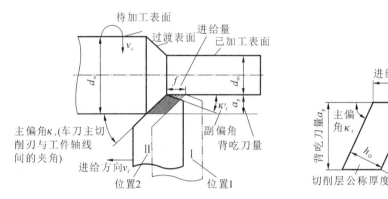

图 1-45　车削时的切削要素

(1) 切削速度。

在切削加工时,切削刃选定点相对于工件主运动的瞬时速度称为切削速度,它表示在单位时间内工件和刀具沿主运动方向相对移动的距离,单位为 m/s 或 m/min。

主运动为旋转运动时,切削速度的计算公式为

$$v_c = \frac{\pi \cdot d \cdot n}{1000} \quad (\text{m/min 或 m/s})$$

式中：　d——工件待加工表面直径(mm);

　　　　n——工件或刀具每分钟或每秒的转数(r/min 或 r/s)。

主运动为往复运动时,平均切削速度为

$$v_c = \frac{2 \cdot L \cdot n_r}{1000} \quad (\text{m/min 或 m/s})$$

式中：　L——往复运动行程长度(mm);

　　　　n_r——主运动每分钟或每秒的往复次数(往复次数/min 或 往复次数/s)。

(2) 进给量。

进给量是刀具在进给运动方向上相对工件的位移量,可用刀具或工件每转或每行程的位移量来表述或度量。车削时进给量的单位是 mm/r,即工件每转一圈,刀具沿进给运动方向移动的距离。刨削等主运动为往复直线运动,其间歇进给的进给量为 mm/双行程,即每个往复行程刀具与工件之间的相对横向移动距离。

单位时间的进给量,称为进给速度,车削时进给速度的计算公式为

$$v_f = n \cdot f \quad (\text{mm/min 或 mm/s})$$

式中：　n——当主运动为旋转运动时,主运动的转速。

铣削时,由于铣刀是多齿刀具,进给量单位除 mm/r 外,还规定了每齿进给量,用 a_f 表示,单位是 mm/z,v_f、f、a_f 三者之间的关系为

$$v_f = n \cdot f = n \cdot a_f \cdot z$$

式中： z——多齿刀具的齿数。

（3）背吃刀量（切削深度）。

背吃刀量是指主刀刃工作长度（在基面上的投影）沿垂直于进给运动方向上的投影值。对于外圆车削，背吃刀量等于工件已加工表面和待加工表面之间的垂直距离，单位为 mm，即

$$a_p = \frac{d_w - d_m}{2}$$

式中： d_w——待加工表面直径；

d_m——已加工表面直径。

3. 切削层参数

切削层是由切削部分以一个单一动作所切除的工件材料层。

如图 1-45 所示的车削外圆加工，当工件旋转一圈时，车刀由位置 1 行进到位置 2，其切削表面之间的一层金属就是切削层。切削层通常都是在垂直于切削速度 v_c 的平面内度量。由图 1-44 可见，当主切削刃为直线时，切削层的剖面形状为一平行四边形。度量切削层大小有下列三个要素。

① 切削层公称厚度 h_D：刀具或工件每移动一个进给量 f，刀具主切削刃相邻两个位置之间的距离。

② 切削层公称宽度 b_D：车刀主切削刃与工件的接触长度。

③ 切削层公称横截面积 A_D：在给定瞬间，切削层在切削尺寸平面里的实际横截面积。

切削层各有关参数间的关系为

$$h_D = f \sin \kappa_r$$
$$b_D = a_p / \sin \kappa_r$$
$$A_D = h_D b_D = a_p f$$

式中： κ_r——车刀主切削刃与工件轴线之间的夹角。

二、刀具材料

目前，经常使用的刀具材料有高速钢和硬质合金两大类。随着加工技术的不断发展，一些特种材料，如陶瓷材料和超硬刀具材料（金刚石和立方氮化硼）也得到一定的应用。后者具有硬度高、抗磨性能好、可以保证较好的加工质量和加工效率等优点，但由于价格等因素的限制，应用范围不如前者广。

1. 高速钢

高速钢是一种加入了较多的钨、铬、钼、钒等合金元素的高合金工具钢。高速钢具有较高的强度和热稳定性，具有一定的硬度和耐磨性，制造工艺简单，能承受较大的切削振动与冲击载荷，适用于低速加工用刀具。

高速钢按使用用途的不同分为通用型高速钢、高性能高速钢和粉末冶金高速钢。

（1）通用型高速钢。

通用型高速钢具有一定的硬度（63～66 HRC）和耐磨性、较高的强度和韧性、良好的塑性和磨加工性，在加工一般钢材料时，切削速度为 50～60 m/min，不适于进行高速切削和超硬材料的加工。

通用型高速钢又可分为钨钢和钨钼钢两类，主要的牌号为 W18Cr4V（钨钢）和

W6Mo5Cr4V2（钨钼钢），后者在强度、韧性上优于前者，但热稳定性稍差。

（2）高性能高速钢。

高性能高速钢是在通用型高速钢的基础上，通过增加碳、钒等元素的含量或添加钴、铝等合金元素而得到的耐热性、耐磨性更高的新钢种。高性能高速钢在 630～650 ℃ 时仍可保持 60 HRC 的硬度，其耐用度是通用型高速钢的 1.5～3 倍，适用于加工奥氏体不锈钢、高温合金、钛合金、超高强度钢等难加工材料。但这类钢种的综合性能不如通用型高速钢，不同的牌号只有在各自规定的切削条件下，才能达到良好的加工效果。因此其使用范围受到限制。常用牌号有：9W18Cr4V、9W6Mo5Cr4V2、W6Mo5Cr4V3、W6Mo5Cr4V2Co8、及 W6Mo5Cr4V2Al 等。

（3）粉末冶金高速钢。

粉末冶金高速钢是用高压氩气或纯氮气雾化熔融的高速钢钢水，直接得到细小的高速钢粉末，然后将这种粉末在高温高压下压制成致密的钢坯，最后将钢坯锻轧成钢材或刀具形状的一种高速钢。

2. 硬质合金

硬质合金是由硬度和熔点都很高的碳化物（WC、TiC、TaC、NbC 等），用 Co、Mo、Ni 等元素充当黏结剂而制成的粉末冶金制品。其常温硬度可达 78～82 HRC，能够在 800～1000 ℃ 的高温下使用，允许的切削速度是高速钢的 4～10 倍。但其冲击韧性与抗弯强度远比高速钢低，因此很少做成整体式刀具。在实际使用中，一般将硬质合金刀块用焊接或机械夹固的方式固定在刀体上。

常用的硬质合金有以下三大类。

（1）K 类合金（钨钴类硬质合金，代号为 YG）。

钨钴类硬质合金由碳化钨和钴组成。这类硬质合金韧性较好，但硬度和耐磨性较差。钨钴类硬质合金中含 Co 越多，则韧性越好，适合于粗加工，而含量少可用于精加工。常用的牌号有 YG8、YG6、YG8C、YG6X、YG3 等，其中，X 代表细颗粒，C 代表粗颗粒，数字表示 Co 的含量。组号（数字）越大，其耐磨性越低、韧性越高，可选用较大的进给量和切削深度，而切削速度则应小些。

K 类合金适用于加工短切屑黑色金属、有色金属、非金属脆性材料，如铸铁、铝合金、铜合金、塑料、硬胶木、高强度钢、耐热合金等难加工材料。

（2）P 类合金（钨钛钴类硬质合金，代号为 YT）。

钨钛钴类硬质合金由碳化钨、碳化钛和钴组成。这类硬质合金的耐热性和耐磨性较好，但抗冲击韧性较差。常用的牌号有 YT5、YT15、YT30 等，其中的数字表示碳化钛的含量。组号（数字）越大，其耐磨性、耐热性越好，硬度越高，但抗弯强度和冲击韧性降低了，可选用较大的进给量和切削深度，而切削速度则应较小。这三种牌号的钨钛钴类硬质合金制造的刀具分别适用于粗加工、半精加工和精加工。

P 类合金适用于加工塑性好的长切屑黑色金属、钢料（如钢、铸钢、可锻铸铁、不锈钢、耐热钢）等塑性材料。

（3）M 类合金（钨钛钽（铌）类硬质合金，代号为 YW）。

钨钛钽（铌）类硬质合金由在钨钛钴类硬质合金中加入少量的碳化钽（TaC）或碳化铌（NbC）组成。它具有上述两类硬质合金的优点。常用牌号有 YW1 和 YW2，组号（数字）越大，其耐磨性越低、韧性越高，可选用较大的进给量和切削深度，而切削速度则应小些。

YW 类合金用于加工产生长切屑和短切屑的黑色金属或有色金属,如钢、铸钢、奥氏体不锈钢、耐热钢、可锻铸铁、合金铸铁等难加工材料。

三、加工精度与表面质量

零件的加工质量包括加工精度和表面质量。其中加工精度有尺寸精度、形状精度和位置精度,表面质量的指标有表面粗糙度、表面加工硬化的程度、残余应力的性质和大小。表面质量的主要指标是表面粗糙度。

在实际生产过程中,加工出来的零件不可避免地会产生误差,这种误差称为加工误差。实践证明,只要加工误差控制在一定范围内,零件就能够具有互换性。按零件的加工误差及其控制范围制订出的技术标准,称为极限与配合标准,它是实现互换性的基础。为了满足各种不同精度的要求,国家标准规定标准公差分为 20 个公差等级(公差等级是指确定尺寸精确程度的等级),它们是 IT01、IT0、IT1、…、IT18。IT 表示标准公差,数字表示公差等级,其中 IT01 为最高,IT18 为最低。公差等级高,公差值小,精确程度高;公差等级低,则公差值大,精确程度低。几何公差项目及其符号如表 1-13 所示。

尺寸误差——加工完的零件实际尺寸和理想尺寸之差;

形状误差——零件的实际形状和理想形状差异;

位置误差——加工零件的表面、轴线、对称平面等之间的相互位置与理想位置的差异;

表面粗糙度——加工零件表面上具有较小间距的峰谷所形成的微观几何形状误差。

表 1-13 几何公差项目及其符号

类型	特征	符号	有无基准	类型	特征	符号	有无基准
形状公差	直线度	——	无	方向公差	平行度	//	有
	平面度	▱	无		垂直度	⊥	有
	圆度	○	无		倾斜度	∠	有
	线轮廓度	⌒	无		线轮廓度	⌒	有
	面轮廓度	⌓	无		面轮廓度	⌓	有
	圆柱度	⌕	无	跳动公差	圆跳动	↗	有
					全跳动	⌰	有
位置公差	对称度	=	有	位置公差	位置度	⊕	有或无
	线轮廓度	⌒	有		同轴度(用于轴线)	◎	有
	面轮廓度	⌓	有		同心度(用于中心点)		有

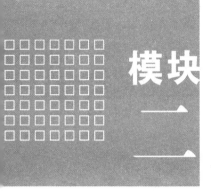

模块一

钳工实训

> **知识目标要求**
> ● 掌握钳工实习场地的规章制度以及安全文明生产要求；
> ● 了解钳工的种类以及主要任务；
> ● 掌握锉配的一般加工步骤和相关工艺知识。
>
> **技能目标要求**
> ● 熟悉钳工常用设备的使用方法以及维护保养；
> ● 掌握轴承的装配和调整方法；
> ● 通过综合训练，能进行一般手工工具的制作。

任务一　钳工入门知识

一、钳工主要工作内容

1. 钳工工作任务

钳工操作一般是利用台虎钳和各种手动和电动工具、量具进行某些切削加工或是一些机械设备难以加工的部位及不易达到的工艺精度的加工，它还包括一些装配、调试和维护安装等。随着科学技术的发展，机械自动化加工的水平越来越高，钳工的工作范围也越来越广，需要掌握的技术知识水平及技能也越来越多，于是产生了分工，以适应不同专业需要，按工作内容及性质大致可分为普通钳工、机修钳工、工具钳工三类。

尽管钳工的专业分工不同，但都必须掌握好基本操作技能，其内容有：划线、錾削、锯削、锉削、钻孔、扩孔、锪孔、铰孔、攻螺纹和套螺纹、矫正和弯形、铆接、刮削、研磨、装配和调试、测量及简单的热处理等。

2. 钳工操作注意事项及实习要求

（1）掌握锯、錾、锉、刮、铰、磨、钻及攻套丝等各种钳工操作的正确姿势和钳工工具的正确使用，练好钳工安全实训基本功。

（2）做好钳工劳动保护，在錾削和用砂轮机磨削时必须戴好防护眼镜；清除切屑要用毛刷，不许直接用手或用口吹，避免伤及手和眼。

（3）使用砂轮机磨削刀具时，操作者严禁正对高速旋转的砂轮，避免砂轮意外伤人。

（4）禁止使用无柄或裂柄的锉刀，锉刀柄应安装牢固，避免意外伤手。

（5）锤头与柄必须加楔铁紧固，并保持锤柄无油污，避免使用时锤头滑出伤人。

（6）使用钻床钻孔时，工件必须压平夹紧，按钻头直径大小和工件材料选择适当的转速和进给量。孔将钻通时，注意减压减速进给，避免钻头扎刀。

（7）严禁戴手套操作钻床，避免被钻头绞缠，发生工伤事故。

（8）在钻床上装御工件、钻头或钻夹头，以及进行主轴变速及测量工件尺寸时，都必须停机。

（9）使用台虎钳夹持工件时不得用外力敲击虎钳手柄进行锁紧，防止虎钳传动螺母断裂，只能手动锁紧。

（10）正确使用和保养游标卡尺、千分尺、高度尺、量角器、百分表和坐标平板等精密量器具，注意轻拿轻放。防锈蚀，防损伤，保证测量精度。

（11）禁止敲击划线平台或用其他尖锐物件划伤平台表面。

（12）工量具摆放时，应分别放在钳桌的左、右上角，分开摆放，且不能使其伸到钳台边沿以外（见图 2-1）。

（13）实习时各自选好工位，不得串岗或在实习间内打闹。

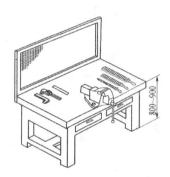

图 2-1 工量具的摆放

（14）加强设备的维护和使用保养，注意并做好设备清洁及现场卫生。

（15）安全文明生产。

二、钳工常用设备与操作注意事项

1. 台虎钳

台虎钳是用来夹持工件的通用夹具，有固定式和回转式两种结构类型。图 2-2 所示的是回转式台虎钳，其结构和工作原理说明如下。

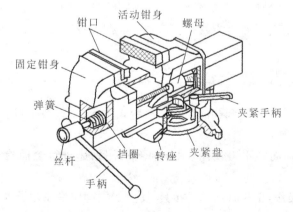

图 2-2 回转式台虎钳

活动钳身通过其上的导轨与固定钳身的导轨孔作滑动配合。丝杆装在活动钳身上，可以旋转，但不能轴向移动，并与安装在固定钳身内的螺母配合。当摇动手柄使丝杆旋转，就

可带动活动钳身相对于固定钳身作进退移动,起夹紧或放松工件的作用。弹簧靠挡圈和销固定在丝杆上,其作用是当放松丝杆时,可使活动钳身及时地退出。在固定钳身和活动钳身上,各装有钢质钳口,并用螺钉固定,钳口的工作面上制有交叉的网纹,使工件夹紧后不易产生滑动,且钳口经过热处理淬硬,具有良好的耐磨性。固定钳身装在转座上,并能绕转座轴心线转动,当转到要求的方向时,扳动固定钳身上的手柄使夹紧螺钉旋紧,便可在夹紧盘的作用下把固定钳身固紧。

台虎钳的规格以钳口的宽度表示,有 100 mm(4 英寸)、125 mm(5 英寸)、150 mm(6 英寸)等规格。

2. 钳台桌

钳台桌是用来安装台虎钳、放置工量具和工件的。其高度为 800～900 mm,装上台虎钳后,取得操作者工作的合适高度,一般以钳口高度恰好与人手肘齐平为宜,长度和宽度随工作需要而定。

3. 砂轮机

砂轮机主要用来刃磨钻头、錾子等刀具或其他工具等。它由电动机、砂轮和机身组成。

砂轮机操作注意事项如下:

① 未经实习指导教师许可不得随便使用。

② 使用时要精神集中,要检查砂轮机运转是否正常,只有正常情况下才能使用。

③ 砂轮必须有砂轮罩,托架距砂轮不得超过 5 mm。

④ 凡使用者要戴防护镜,不得正对砂轮,而应站在侧面。使用砂轮机时,不准戴手套,严禁使用棉纱等物包裹刀具进行磨削,磨削刀具发热时根据情况可蘸水后再继续磨削。

⑤ 不得二人同时使用砂轮,严禁在砂轮侧面磨削,严禁在磨削时嬉笑与打闹。

⑥ 磨削时的站立位置应与砂轮机成一夹角,且接触压力要均匀,严禁撞击砂轮,以免砂轮碎裂。

⑦ 砂轮只限于磨刀具,不得磨笨重的物料或薄铁板以及软质材料(铝、铜等)和木质品。

⑧ 砂轮机启动后,需待砂轮运转平稳后,方可进行磨削,压力不可过大或用力过猛。砂轮的三面(两侧及圆周)不得同时磨削工件。

⑨ 新砂轮片在更换前应检查是否有裂纹,更换后需经 10 min 空转后方可使用。在使用过程中要经常检查砂轮片是否有裂纹、异常声音、摇摆、跳动等现象,如果发现应立即停车报告指导教师或安全员。

⑩ 使用后必须拉闸,并保持卫生。

4. 钻床

钻床用来对工件进行各类圆孔的加工。有台式钻床、立式钻床和摇臂钻床等。

钻床操作注意事项如下。

① 未经指导教师同意不得使用,工作前对所用钻床进行全面检查,确认无误时方可工作。

② 严禁戴手套操作,钻孔时袖口要扣紧,女生的发辫应挽在帽子内。

③ 钻孔时精神集中,严禁谈笑,钻孔出现意外时,应立即停车。如果发生故障,立即报告。

④ 工件装夹必须牢固可靠。钻小件时,应用工具夹持,不准用手拿着钻。

⑤ 使用台钻时,最大钻孔直径不得超过 φ12 mm,调整高度时必须握紧手把。

⑥ 钻钢件必须使用冷却液,将要钻透时压力要轻,严禁手摸、嘴吹铁屑。

⑦ 使用自动走刀时,要选好进给速度,调整好行程限位块。手动进刀时,一般按照逐渐增压和逐渐减压原则进行,以免用力过猛造成事故。

⑧ 钻头上绕有长铁屑时,要停车清除。禁止用风吹、用手拉,要用刷子或铁钩清除。

⑨ 精铰深孔时,拔取圆器和销棒,不可用力过猛,以免手撞在刀具上。

⑩ 不准在旋转的刀具下,翻转、卡压或测量工件。手不准触摸旋转的刀具。

⑪ 使用摇臂钻时,横臂回转范围内不准有障碍物。工作前,横臂必须卡紧。

⑫ 横臂和工作台上不准存放物件,被加工件必须按规定卡紧,以防工件移位造成重大人身伤害事故和设备事故。

⑬ 工作结束时,将横臂降到最低位置,主轴箱靠近立柱,并且都要卡紧。清理现场。

三、量具与测量

1. 量具类型

为了确保零件和产品的质量,必须用量具来测量。用来测量、检验零件及产品尺寸和形状的工具叫量具。量具种类很多,按用途和特点分为以下三类。

(1)万能量具。

这类量具一般都有刻度,在测量范围内可以直接测量出零件和产品的形状及尺寸的具体数值,如游标卡尺、千分尺、百分表和万能量角器等。

(2)专用量具。

这类量具不能直接测量出实际尺寸,只能测定零件和产品的形状及尺寸是否合格,如卡规、塞尺等。

(3)标准量具。

这类量具只能制成某一固定尺寸,通常用来校对和调整其他量具,也可作为标准量件进行比较,如量块。

2. 常用量具及测量方法

游标卡尺、千分尺、百分表在模块一中已有讲解,此处只介绍万能游标角度尺。

万能游标角度尺是用来测量工件内外角度的量具,它的测量范围是 0~320°。

(1)万能游标角度尺的结构。

如图 2-3 所示,万能游标角度尺由刻有角度刻线的尺身(主尺)1 和固定在扇形板 4 上的游标 3 组成。扇形板可以在尺身上回转移动,形成与游标卡尺相似的结构。直角尺 5 可用支架 7 固定在扇形板上,直尺 6 用支架固定在直角尺 5 上。若拆下直角尺,也可将直尺 6 固定在扇形板上。

利用主尺、直角尺、直尺的不同组合,可以分别得到 0~50°、50°~140°、140°~230°、230°~320°四种不同的组合角度,如图 2-4 所示。

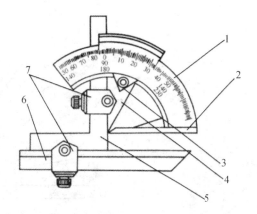

图 2-3 万能游标角度尺的结构

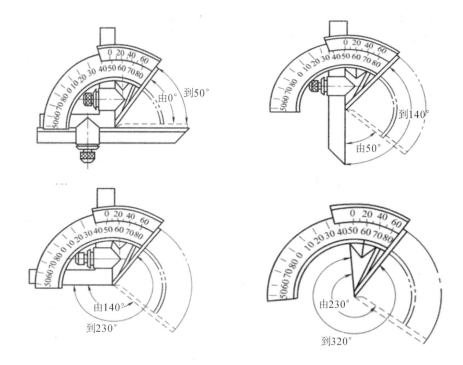

图 2-4　万能游标角度尺不同的组合角度

（2）万能游标角度尺的刻线原理与读法。

尺身刻线每格 1°，游标刻线是将尺身上的 29° 所占的弧长等分为 30 格，即每格所对应的角度为 29°/30，因此游标 1 格与尺身 1 格相差 1°−29°/30＝1°/30＝2′，即万能游标角度尺的精度为 2′。

万能游标角度尺的读数方法和游标卡尺的相似，先从尺身上读出游标零线前的整度数，再从游标上读出角度"′"的数值，两者相加就是被测的角度数值。

3. 专用量具及测量方法

（1）塞尺。

塞尺又叫厚薄规，如图 2-5 所示。它是用来检验两个结合面之间的间隙大小的片状量规。

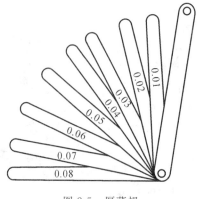

图 2-5　厚薄规

塞尺有两个平行的测量平面,长度为 50 mm、100 mm 或 200 mm,由若干片叠合在夹板里,厚度为 0.01~0.3 mm。

使用塞尺时,根据要求所测量的间隙大小合理选择一片或多片一起插入间隙内。塞尺的片很薄,容易弯曲和变形折断,使用时不能用力强行塞入。用完后要擦拭干净,及时合到夹板中去。

(2) R 规。

R 规也叫半径规,主要用来测量内外圆弧面。

4. 标准量具及测量方法

量块也叫块规,是标准量具。块规精度极高,可作为长度标准来检验和校正其他量具。与百分表配合使用可用比较法对高精度的工件尺寸进行精密测量,与正弦规配合使用可精密测量对称度、角度,或对机床进行精密找正、调整等。

块规是按尺寸系列分组成套的,有 42 块一套或 87 块一套等几种,装在专用木盒内以便保管与维护(见图 2-6)。块规为长方形六面体,每块有两个测量平面,两测量面之间的距离为块规的工作尺寸。一套块规组合成各种不同的长度,以便使用。由于测量面非常平直与光洁,若将两块或数块块规的测量面擦净,互相推合,即可牢固地黏合在一起。为了减小难以避免的误差,使用组合的块规数不宜过多,一般不超过 4 块。块规往往与正弦规配合使用来测量角度误差。

正弦规是利用三角函数中的正弦关系,与量块配合测量工件角度和锥度的精密量具。正弦规由工作台、两个直径相同的精密圆柱、侧挡板和后挡板组成,如图 2-7 所示。根据两精密圆柱的中心距 L 和工作台平面宽度 B 的不同,正弦规分为宽型与窄型两种。

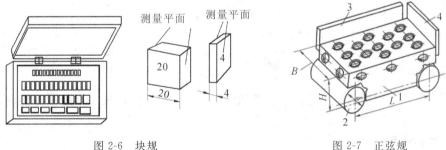

图 2-6 块规 　　　　图 2-7 正弦规

1—工作平面;2—圆柱;3—后挡板;4—侧挡板

如图 2-8 所示,将正弦规放在平板上,一端圆柱与平板接触,另一端圆柱下端垫上量块组,则正弦规与平板间组成一角度 α。

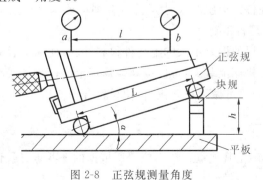

图 2-8 正弦规测量角度

其关系式为

$$\sin\alpha = \frac{h}{L}$$

式中： α——正弦规放置的角度；

h——量块组尺寸；

L——正弦规两圆柱的中心距。

任务二　划线

一、划线概述

划线是指根据图纸或实物的尺寸,用划线工具在实体材料上划出加工界线的方法。

划线是机械加工中重要的加工工序,是零件加工工艺的重要组成部分。如图 2-9 所示,要在 70 mm×45 mm×15 mm 的工件上完成钻孔,则首先要划出孔的中心线,打上样冲眼,再开始钻孔和铰孔工艺。

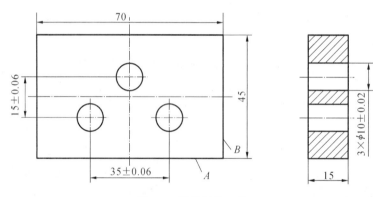

图 2-9　零件划线工艺

划线的重点是划线基准的选择。合理地选择划线基准是保证加工界线准确性的重要工艺步骤。

1. 划线的作用

划线工作不仅可以在毛坯表面上进行,也可以在已加工过的表面上进行,如在加工后的平面上划出钻孔的加工线等。划线的主要作用如下：

① 可以确定工件上各个加工表面的加工位置,并确定其加工余量；

② 可全面检查毛坯件的形状和尺寸是否符合加工要求、满足加工条件,对半成品划线可检查上一工序的尺寸是否正确；

③ 采用借料划线可以使误差不大的毛坯件得到补救,使加工后的零件仍能符合要求；

④ 便于复杂工件在机床上装夹,可以按划线找正定位；

⑤ 在板料上划线下料,可做到正确排料,使材料合理使用。

2. 划线基准的选择

（1）基准的概念。

基准是零件上用以确定其他点、线、面位置所依据的那些点、线、面。

合理地选择划线基准是做好划线工作的关键。只有划线基准选择合理,才能提高划线的质量和效率,并相应提高工件合格率。

虽然工件的结构和几何形状各不相同,但是任何工件的几何形状都是由点、线、面构成的。因此,不同工件的划线基准虽有不同,但都离不开点、线、面。

划线基准是指划线时工件上的用来确定工件的各部分尺寸、几何形状及工件上各要素的相对位置的某些点、线、面。

(2)划线基准的选择。

划线时,应从划线基准开始。在选择划线基准时,先要分析图样,找出设计基准,使划线基准与设计基准尽量一致,这样才能够直接量取划线尺寸,简化换算过程。

划线基准一般可根据以下三种类型选择。

① 以两个互相垂直的平面为基准。如图 2-10 所示,从零件上互相垂直的两个方向的尺寸可以看出,每一方向的许多尺寸都是依照它们的外平面(在图样上是一条线)来确定的。此时,这两个平面就分别是每一方向的划线基准。

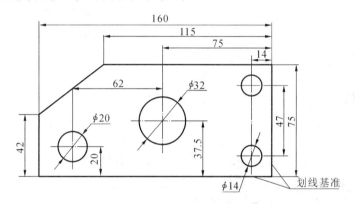

图 2-10 以两个互相垂直的平面为基准

② 以两条轴线为基准。如图 2-11 所示,凹凸模上两个方向的尺寸与其两孔的轴线具有对称性,并且其他尺寸也从轴线起始标注。此时,这两条轴线就分别是这两个方向的划线基准。

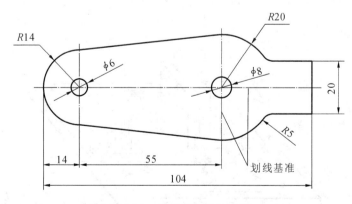

图 2-11 以两条轴线为基准

③ 以一个平面和一条中心线为基准。如图 2-12 所示,工件上高度方向和孔的尺寸是以底面为依据的,此底面就是高度方向的划线基准。而宽度方向的尺寸对称于中心线,所以中心线就是宽度方向的划线基准。

划线时在零件的每一个方向都需要选择一个基准,因此,平面划线时一般要选择两个划

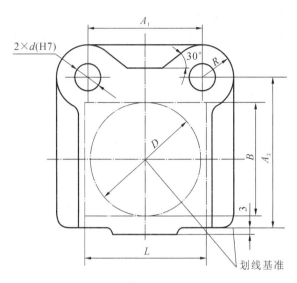

图 2-12 以一个平面和一条中心线为基准

线基准,而立体划线时一般要选择三个划线基准。

实际上,在确定工件的加工工艺基准时,可以参照划线基准。

3.划线工具及使用方法

(1)钢板尺。

钢板尺是一种简单的尺寸量具。它的长度规格有 150 mm、300 mm、500 mm、1000 mm 等多种。它主要用来量取尺寸、测量工件,在划线时作划线的导向工具。

(2)划线平台。

标准的划线基准平台(也叫划线平板)如图 2-13 所示。它的表面经过精刨或刮削加工,是由铸铁制成的,工件放置在平台表面进行划线操作。平台表面不准碰撞、敲打或划伤,长期不使用时,应涂油防锈,并加保护罩。

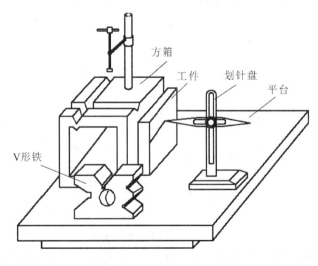

图 2-13 划线平台

(3)划针。

划针用来在工件上划线条,是用弹簧钢或高速钢制成,直径一般为 3~5 mm,尖端磨成

15°～20°的尖角,并经热处理淬火使之硬化。

使用说明:在用钢直尺和划针划连接两点的线时,应先用划针和钢直尺定好一端的位置,然后调整钢直尺使之与前一点原划线位置对准,再开始划出两点的连线;划线时划针尖要紧靠导向工具(或样板)的边缘,上部向外侧倾斜 15°～20°,如图 2-14(a)所示,向划线移动方向倾斜 45°～75°,如图 2-14(b)所示。针尖要保持尖锐,划线时要尽量做到一次划成,使划出的线条既清晰又准确;划线时要从上向下划出,不得逆向划线或连续反复原地划线。不用时,划针不能插在衣袋里,最好套上塑料管不使针尖外露。

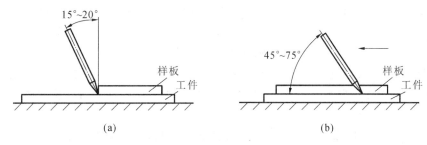

图 2-14 划针的使用

(4)划针盘。

划针盘用来在划线平板上对工件进行划线,或找正工件在平板上的正确安放位置,划针的直头端用来划线(见图 2-13)。

使用说明:用划线盘进行划线时,划针应尽量处于水平位置,不要倾斜太大,划针伸出部分应尽量短些,并要牢固地夹紧,以避免划线时产生振动和尺寸变动;划线盘在划线移动时,底座底面始终要与划线平台贴紧,无摇晃或跳动;划针与工件划线表面之间保持 40°～60°夹角(沿划线方向),以减少划线阻力和防止针尖扎入工件表面;在用划线盘划较长直线时,应采用分段连接划法,这样可对各段的首尾作校对检查,避免在划线过程中由于划线的弹性变形和划线盘本身的移动造成划线误差。划线盘用毕应使划针处于直立状态,这样可以保证安全并减少所占用的空间。

(5)游标高度尺。

游标高度尺附有划针脚,能直接表示出高度尺寸,其读数精度一般为 0.02 mm,可直接作为划线工具。

使用说明:用游标高度尺划线时,使用方法与划针盘基本相似,注意划针脚必须与工件表面形成 40°～60°夹角(沿划线方向)。划线时,手握住高度尺底座拖动,不可逆向划线,以免因高度尺抖动造成划线误差或造成划针刀口部分崩断。

(6)划规。

划规用来划圆和圆弧、等分线段、等分角度及量取尺寸等,如图 2-15 所示。

使用说明:划规两脚的长短要磨得稍有不同,而且两脚合拢时脚尖能靠紧,这样才可划出尺寸较小的圆弧;划规的脚尖应保持尖锐,以保证划出的线条清晰。用划规划圆弧时,作为旋转中心的一脚应加以较大的压力,另一脚则以较轻的压力在工件表面上划出圆弧,这样可使中心不致滑动。

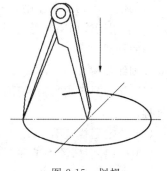

图 2-15 划规

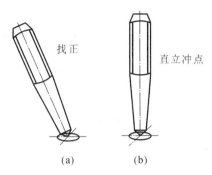

找正 直立冲点

(a) (b)

图 2-16 样冲的使用

（7）样冲。

样冲用于在工件的加工线条上冲点,用作加强界限标记(称检验样冲点),并可为划圆弧或钻孔定中心(称中心样冲点)。它一般用工具钢制作,尖端处淬硬,其顶尖角度在用于加强界限标记时大约取 40°,用于钻孔定中心时约取 60°。样冲使用方法如图 2-16 所示。

使用说明:先将样冲外倾使尖端对准线的中点,然后再将样冲立直冲点,位置要准确,中点不可偏离线条。在曲线上冲点距离要小些,如直径小于 20 mm 的圆周线上应有 4 个冲点;而直径大于 20 mm 的圆周线上应有 8 个以上冲点;在直线上冲点距离可大些,但短线至少有 3 个冲点;在线条交叉转折处必须冲点。冲点深浅要掌握适当,薄壁或表面光滑冲点要浅,粗糙表面要深些。

（8）90°角尺。

90°角尺划线时常用作划平行线或垂直线的导向工具,也可用来找正工件平面在划线平台上的垂直位置。

（9）角度规。

角度规常用于划角度线。

（10）划线方箱。

划线方箱用于夹持工件并能翻转位置而划出垂直线,一般附有夹持装置并制有 V 形槽(见图 2-13)。

（11）直角铁。

直角铁可将工件夹在直角铁的垂直面上进行划线。装夹时可用 C 形夹头或将夹头与压板配合使用。

（12）V 形铁。

V 形铁通常是两个一起使用,用来安放圆柱形工件、划出中心线和找出中心等(见图 2-13)。

（13）调节支承工具。

调节支承工具一般为锥顶千斤顶,通常是三个一组,用于支持不规则的工件,其支承高度可作一定的调整。带 V 形块的千斤顶,用于支承工件的圆柱面。

（14）辅助工具。

辅助工具包括垫铁、C 形夹头、夹钳以及找正中心或划圆时打入工件孔中的木条、铅条等。

4. 划线的涂料

为了使划出的线条清晰,一般都要在工件的划线部位涂上一层薄的涂料。常用的有石灰水,一般用于表面粗糙的铸、锻件毛坯上的划线;紫药水或蓝墨水作为涂料主要用于已加工表面的划线。

5. 划线步骤

（1）分析图样或实物,明确划线部位及各部分尺寸、形状和要求;了解有关的加工方法和过程。

（2）选定划线基准。

（3）根据图样,检查毛坯工件是否符合加工要求。

（4）清理工件后涂色。

（5）正确安放工件并选取划线工具、量具。

（6）开始划线。

（7）仔细检查划线准确性及是否有漏划线条。

（8）冲眼。

二、平面划线和立体划线

1. 平面划线

如图 2-17（a）所示，只需要在一个表面上划线后即能明确表示出加工界线的划线称为平面划线。如在板料、条料上划线，在板料上划出螺纹样板、齿形样板等（参见后面章节的样板加工）。

平面划线与平面作图类似，只需在工件表面上按图样要求划出所需的线或点。

（1）平面样板划线法。

根据零件的尺寸和形状，加工一块平面划线样板，将样板与工件一起夹紧，然后用划针按样板仿划出各部分的线条。平面样板划线法常用于各种平面形状较复杂、批量大而精度要求较低的零件。

（2）基本几何划线法。

利用各种划线工具，在零件上划平行线、垂直线、角度及其等分线、直线与圆弧连接、圆弧相切线、圆周等分线，划椭圆、划多边形及任意等分线等。

2. 立体划线

如图 2-17（b）所示，同时在工件上几个不同表面上划线，才能明确表示出加工界线的方法叫立体划线。

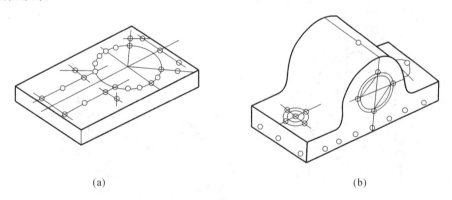

(a)   (b)

图 2-17　划线

（a）平面划线　（b）立体划线

立体划线比较复杂，需要借助相应的划线工具、测量工具、辅助垫块等，找出复杂工件的基础划线基准，并以此基准确定其他各个面与此相关的基准、定位，再据此划出工件的整体加工界线。

但在划线时，应认真研究工件图样上各部分尺寸及要求，分析工件结构，了解工件的加工工艺，然后选定划线基准，考虑下一道工序要求，确定加工余量和需要划出的线条。

立体划线常需要翻转工件，需要重新定位和找正，每一次翻转必须以上一道划线的线或点作为定位和找正的基准，再进行相关的划线工序。这样也会造成一定的划线误差，延长工作时间。所以，立体划线应充分利用一些划线工具，满足划线要求，尽量一次划出。

立体划线较为复杂，必须借助专用的划线、测量和辅助工具。常用的划线方法如下。

（1）直接翻转法。

如图 2-18 所示,将工件安装在方箱或 V 形铁上,压紧后先划好一个平面的线,再翻转划另一个平面的线。这种方法装夹方便,划线准确,常用于小型工件的划线。

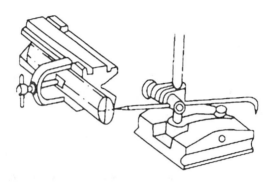

图 2-18　直接翻转法

（2）支承划线法。

如图 2-19 所示,支承划线是用千斤顶或其他垫铁、夹具等将工件支承起来进行找正划线。这种方法调整工件方便,但找正较慢,适用于中型毛坯零件的划线,对于形状不规则的毛坯零件尤为合适。

（3）直角铁划线法。

如图 2-20 所示,直角铁划线法是用划线盘在平台(平板)上划线后,再将其底面紧贴在直角铁上对零件进行划线。这种划线方法可靠方便,适用于中小型零件的划线。

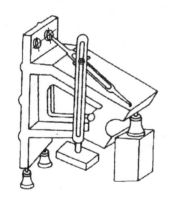

图 2-19　支承划线法

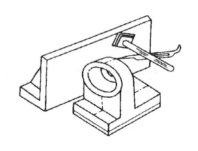

图 2-20　直角铁划线法

（4）拉辅助线法。

如图 2-21 所示,在平台上设一直线 AA,使 AA 线与沿直角尺(或线锤)在 H 高度上所拉的细钢丝 BB 构成垂直于平台的平面,划线时则以此平面量取所需要的点和面。这种方法不需要翻转,只需一次吊装找正就能完成划线。拉辅助线法适用于特大工件的划线。

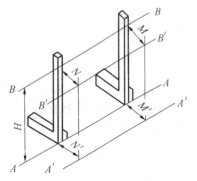

图 2-21　拉辅助线法

【实训操作与思考】

对图 2-9 所示工件的划线分析如下:

由设计尺寸可知,孔之间中心距有公差要求,该工件属精密划线。划线以 *A*、*B* 两互相垂直且已加工好的平面为基准,分别用划线高度游标尺划出钻孔轴线与校正线,钻孔修正线是为钻孔过程中修正钻孔用的。外围的钻孔框线边长与钻孔直径相同,钻完后孔与钻孔框线完全相切,则证明钻孔正确,如图 2-22 所示。

　　如果第一次没有修正过来,还有第二次修正的机会。钻孔修正线划得越多,钻孔修正的次数也越多。

　　修正线线条不宜过粗,应在 0.1 mm 以内,因为要用此线保证孔距。一般情况下,两孔中心距尺寸只能保证±0.06 mm,范围小于±0.06 mm 就要用精密孔钻模了。

　　在划线之前应将工件涂色,以便线条清晰。可据以上分析列出划线步骤。

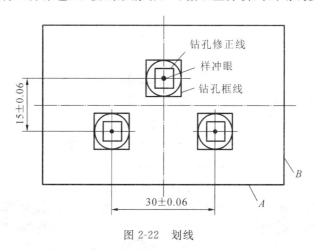

图 2-22 划线

任务三 锯削

一、手锯

1. 锯削基础知识

　　用手锯对材料或工件进行切断或切槽等的加工方法称为锯削。锯削可以分割材料、去除多余材料等,是机械加工中常用的一种加工方式。

　　锯削是一种常用的加工形式,多为去除材料,为后续的加工做准备。如图 2-23 所示的凸台斜面配作锯削加工,在加工工件之前,需去除加工多余材料,如图中虚线部分。

　　锯削加工的重点是保证锯路的平直。在锯削加工时,要注意锯条与锯割线重合,保证锯条不至于歪斜,这样才能保证锯削加工工件的质量。

2. 手锯和锯条

　　手锯分可调式和固定式两种。可调式锯弓的安装距离可以调节,能安装几种长度不等的锯条;固定式锯弓只能安装一种长度的锯条。

　　锯弓两端都装有夹头,两端都可以根据锯削需要进行角度调转,一端固定时,另一端可以通过调节活动夹头上的蝶形螺母把锯条拉紧。

　　当锯缝的深度超过锯弓的高度时,应将锯条转过 90°重新装夹,使锯弓转到工件的旁边,当锯弓调转仍受高度限制时,还可把锯条调向,使锯齿向锯弓内进行锯削。

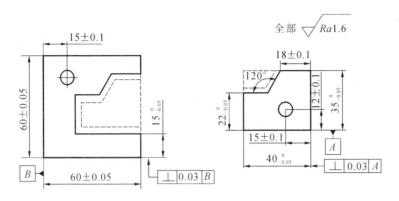

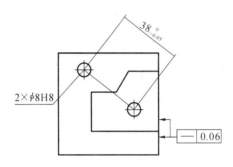

图 2-23　凸台斜面配作锯削加工

锯条的长度一般以两端的中心孔距来表示,一般长为 300 mm,宽为 12 mm,厚为 0.7 mm。锯条一般用冷轧软钢渗碳拉制而成,经热处理淬硬。锯条的粗细规格(按每 25 mm 长度内的齿数)分为以下三种:

① 粗齿(齿数为 14～18)　锯削一般材质或较厚的材料、有色金属时选用;

② 中齿(齿数为 22～24)　锯削中等硬度的钢材、厚壁的钢管等;

③ 细齿(齿数为 32)　锯削稍硬材料、钢管、薄板、角钢等。

3. 手锯的握法、锯削姿势、锯削的压力与速度

(1) 握法。

右手满握锯柄,左手轻扶在锯弓前端,如图 2-24 所示。

(2) 姿势。

正确握好锯弓后,视线落在锯缝上,右脚尖踩在台虎钳中心线上、伸直并稍向前倾;左脚与台虎钳中心线形成一个 30°左右的夹角、膝盖稍弯曲成马步,重心在左脚。在锯削时,身体应随着锯削动作自然摆动,锯削前推时,身体向前倾、重心前移;回程时,身体后倾、重心后移。如此反复,以右脚为定点,身体摆动角度控制在 15°左右,如图 2-25 所示。

(3) 压力。

锯削时,推力和压力主要由右手控制,左手轻扶在锯弓的前端配合右手扶正锯弓。手锯推出切削时用力,返回时自然收回不加压力。工件快断时,压力、动作幅度要小。

(4) 运动与速度。

锯削时一般可采用小幅上下摆动式运动,即向前推锯时,右手下压、左手自然上抬;锯削回程时,右手上提、左手自然跟下。锯缝要求平直时,锯削一般以平推为宜。

锯削速度一般控制在 40 次/min 左右,锯削硬材料稍慢些,锯削软材料稍快些。同时,锯削运动行程尽可能让每个锯齿参与切削。

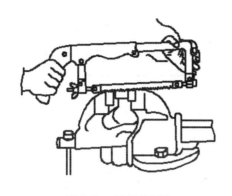

图 2-24 手锯的握法

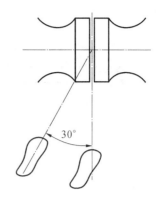

图 2-25 锯削姿势

二、锯削的操作要点

1.锯削操作方法

（1）工件的夹持。

工件一般应安装在台虎钳的左侧，便于操作。工件伸出钳口侧面不应过长，锯缝偏移钳口侧面约 20 mm 为宜。锯缝线要与钳口侧面保持平行(使锯缝线与铅垂线方向一致)，夹紧要牢靠。

（2）锯条的装夹。

手锯在前推时进行材料的切削，因此，锯条安装应使齿尖方向朝前，图 2-26(a)所示为正确装夹方式，图 2-26(b)所示为错误装夹方式。安装锯条时，活动夹头上的蝶形螺母不宜拧得太紧或太松，宜稍紧。太紧时，如在锯削中用力稍有不当，锯条易折断；太松时，锯削易使锯缝歪斜，锯条易扭曲、折断。松紧程度可用手扳动锯条，感觉稍硬实即可。锯条安装后要尽量保证锯条平面与锯弓中心平面平行。

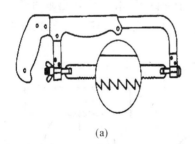
(a)

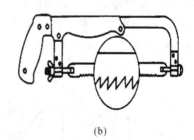
(b)

图 2-26 锯条的装夹

(a)正确装夹方式 (b)错误装夹方式

（3）起锯方法。

起锯分远起锯和近起锯，如图 2-27(a)、(b)所示。锯弓在工件靠近身体的一侧起锯即为近起锯；在工件背离身体的一侧起锯即为远起锯。

起锯时，左手大拇指摁在锯缝线上，采用近起锯或远起锯，锯削工件与锯条起锯时的夹角即为起锯角，在 15°左右。起锯行程要短、压力要小、速度要慢。起锯角不宜太大，否则可能因起锯不平稳，锯齿被工件棱边卡住引起崩裂；起锯角也不宜太小，否则锯齿不易及时切入材料，容易发生位移，或使工件表面锯出很多锯痕，从而造成误差。

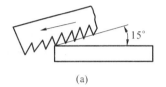 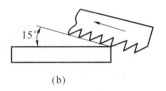

（a）   （b）

图 2-27　起锯方法

（a）远起锯　（b）近起锯

锯削时常采用远起锯，这样能更顺利地切入材料，而近起锯如掌握不好，锯齿易被棱角卡住，使锯齿崩断，但这时也可将手锯后拉，以期将棱角稍作磨平再正常起锯。在起锯槽有 2～3 mm 深度时，锯条已不会轻易滑出槽外，左手大拇指可不再作导引，扶正锯弓正常锯削。

（4）正常锯削。

正常锯削时，除保证合理的锯削速度、姿势、压力外，还应经常观察锯缝，当需要锯缝平直时，应每锯进 2～3 mm 观察一次，在工件切割的锯线前后观看，以防锯缝歪斜。锯削稍硬材料时可适当加润滑油；锯削管材时可同时沿锯线多个方向锯削，但以快锯透管壁为准，这样可不致使锯齿崩断；板料锯削时厚度最好在 2 mm 以上，太薄则易使锯齿崩断，应尽量增加薄板刚度，不使其颤动，防止锯齿崩断。

2. 不同几何断面工件的锯削方法

（1）棒料的锯削。

对要求断面平整的棒料，应从起锯开始连续锯到结束。若对断面要求不高的棒料，锯削时可改变棒料的位置使棒料转过一定角度再锯削。如此则因锯削面变小而容易锯入，可提高工作效率。

（2）管子的锯削。

锯削管子前，可用矩形纸条按锯削尺寸绕住管子外圆，用滑石笔划出垂直于轴线的锯削线。锯削时要将管子夹正。对于薄壁和精加工过的管件，应夹在有 V 形槽的木垫之间以防将管件夹扁和将表面夹坏（见图 2-28）。

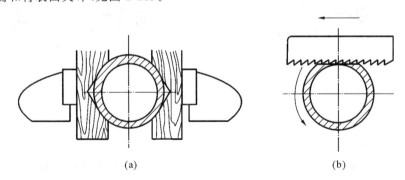

（a）   （b）

图 2-28　管子的夹持和锯削

（a）管子夹持　（b）转位锯割

锯削时不可在一个方向从开始连续锯削到结束，否则锯齿易被管壁钩住而崩断。正确的方法应是先在一个方向锯到管子内壁处，然后把管子向推锯的方向转过一个角度，连接原锯缝再锯到管子的内壁处，如此改变方向不断转锯直至锯断为止。

（3）薄板料的锯削。

锯削时尽可能从宽面上锯下去。当只能在板料的狭面上锯削时,可将板料夹在两块木板之间,连木板一起锯下,这样既增加了板料的刚度,又可避免锯齿被钩住(见图2-29)。

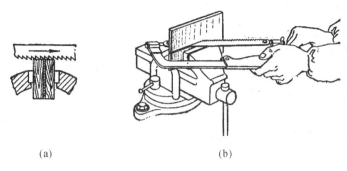

图 2-29 薄板料锯割方法

（4）深缝锯削。

当锯缝深度超过锯弓高度时(见图2-30),可将锯条转过90°角安装后再锯削。当锯弓横下来其高度仍不够时,也可把锯条安装成使锯齿在锯身内锯削。

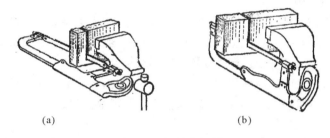

图 2-30 深缝的锯削

(a) 锯条转90°安装 (b) 锯齿安装在锯弓内

（5）型钢的锯削。

锯削扁钢时,应在扁钢宽的表面上锯削,因锯缝较长,同时进行锯削的锯齿较多,可减少锯齿的折断。

锯削槽钢时,则应在槽钢三个宽的表面上接缝锯削,才能得到较平整的断面并能延长锯条的使用寿命(见图2-31)。

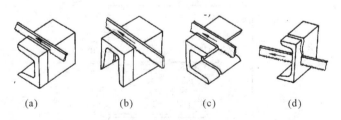

图 2-31 槽钢的锯削

(a) 正确步骤(1) (b) 正确步骤(2) (c) 正确步骤(3) (d) 错误锯法

3. 锯削时常见缺陷及分析

（1）锯条折断原因。

① 工件未夹紧,锯削受力后产生松动。

② 锯条装得过紧或过松。

③ 锯削压力过大或用力后偏离锯缝方向。

④ 强行纠正歪斜的锯缝。

⑤ 新旧锯条在旧锯缝中被卡住而折断。

⑥ 中途停止锯削时,锯弓未从工件中取出而碰断。

（2）锯缝产生歪斜的原因。

① 工件装夹时,锯缝线与铅垂线不一致。

② 锯条安装太松或与锯弓平面扭曲。

③ 使用锯齿两面磨损不均的锯条。

④ 锯削压力过大使锯条左右偏摆。

⑤ 锯弓未扶正或用力歪斜,使锯条斜靠在锯削断面的一侧。

4. 锯削注意事项

① 装夹工件时,锯缝线一定要与铅垂线方向一致,否则在锯削时易使锯缝歪斜,当锯缝稍有歪斜时应及时纠正,这时可稍稍将锯条向歪斜相反的方向偏扭,逐步矫正。歪斜过多,矫正就困难,就不能保证锯削质量。

② 锯削时,锯条必须与锯线重合,与钳口侧面平行。平稳用力,不可使用爆发力或强行锯削,防止锯条崩断飞出伤人。

③ 中途休息时,应小心将锯条从锯缝中取出,不可停放在锯缝里,以防锯条折断;重新锯削时,应将锯条缓慢拉动切入,再正常锯削。应尽量避免在旧锯缝中换新锯条,若新锯条无法切入旧锯缝可用楔块将锯缝胀大或重新换方向起锯。

④ 若因材料黏性大或其他原因使锯削阻力增大,锯削困难,应放慢锯速和减小压力或单手拉锯,将锯缝粘连的锯屑排尽使锯缝扩宽,然后再正常锯削。

【实训操作与思考】

对图 2-23 所示凸台斜面配作锯削加工如下:

凸台斜面配作工件,凹件与凸件在配作前要去除多余材料,在锯削前需划出锯削加工线,并预留配作加工余量 0.5 mm,在凹面和斜面部分为方便锯削需先钻孔,再按划线锯削多余材料。锯削加工路线如图 2-32 所示。工件为薄板类工件,选择锯条时,可选用细齿锯条。

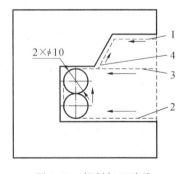

图 2-32　锯削加工路线

任务四　锉削

一、锉刀及其选用原则

1. 锉削基础知识

用锉刀对工件表面进行切削加工的操作叫锉削。一般用于锉削平面、曲面、内孔、沟槽等各种复杂表面及零件的修配、装配调整。在模具制造过程中，无论机械化程度多么高，在模具的最后修配、装配和试调中，都需要人工的修整。而锉削是其中重要的加工方法之一，是一项应用广泛，且必须掌握的操作技能。

锉削不仅用于零件的加工，也可去除工件的毛刺。在样板制作、电极工具制作中应用较多。如图 2-33 所示为圆弧凸件的锉削加工。

锉削加工的重点是平面与曲面的加工。锉削时较难掌握的是锉刀的平衡施力，在平面锉削过程中，锉刀不得有任何的摆动。这样才能保证工件表面质量要求。

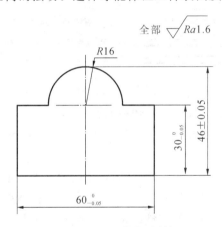

图 2-33　圆弧凸件的锉削加工

2. 锉刀概述

（1）锉刀的构造。

锉刀主要由锉身和锉柄组成。锉身的锉刀面是锉刀的切削加工部分，锉齿有剁齿和铣齿两种，它们的区别是锉齿的后角不同，剁齿的后角大于 90°，铣齿的后角小于 90°。

锉齿的排列图案即锉纹：单齿纹，即是一个方向的齿纹，多为铣齿，用于锉削较软的材料；双齿纹，指交叉排列的齿纹，多为剁齿，用于锉削稍硬的材料。

锉刀有的两个侧面都没有锉纹，但有的其中一边有锉纹，另一边没有锉纹称光边，主要是用它锉内直角的一个面时，不会锉伤直角的另一个面。

锉刀由碳素工具钢制成（T12～T13），经热处理硬度达到洛氏硬度 62～67 HRC。锉刀锉削时每个锉齿相当于一把錾子，对金属表面进行切削。

（2）锉刀的分类。

锉刀按其用途分：普通锉、异形锉、整形锉。

① 普通锉按形状分：平锉、方锉、三角锉、半圆锉、圆锉，如图 2-34 所示。

平锉　主要用于锉削平面、球面等；

方锉　主要用于锉削方孔、沟槽、直角面等；

三角锉　主要用于锉削内角、孔、沟槽等;

半圆锉　主要用于锉削内孔、弧面;

圆锉　主要用于锉削内孔、弧面。

平锉　　　　方锉　　　三角锉　　半圆锉　　　圆锉

图 2-34　普通锉刀的形状

② 异形锉按形状分:刀口形锉、菱形锉、扁三角锉、椭圆形锉、圆肚形锉等。它主要用于特殊型面的锉削加工。

③ 整形锉又叫什锦锉或组锉,主要用于修整工件的细微处或制作样板。通常以形状各异的 5 把、6 把、8 把、10 把或 12 把为一组,如图 2-35 所示。

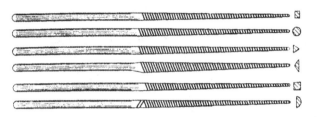

图 2-35　整形锉

锉刀的规格分尺寸规格、齿纹的粗细规格两类。

锉刀的长度规格有:100 mm(4 in)、150 mm(6 in)、200 mm(8 in)、250 mm(10 in)、300 mm(12 in)、350 mm(14 in)、400 mm(16 in)等。

锉齿的粗细规格有(以锉刀每 10 mm 轴向长度内的主锉纹条数来表示):

粗齿锉　常用于加工较软钢材、有色金属,或进行加工余量较大时的粗加工;

中齿锉　常用于加工稍硬钢材、铸铁以及加工余量较少、精度要求较高的工件;

细齿锉　常用于加工稍硬钢材、铸铁,进行加工余量较少的精加工和加工表面粗糙度值小的工件,或进行精加工。

油光锉　用于最后修光工件表面及装配时的修整。

每种锉刀都有它的适用范围,应根据被锉削表面的形状、加工要求、材质等方面合理选用。锉刀加工时的选择应注意以下几个方面。

① 锉刀锉齿粗细转换的选择。在加工余量多,加工精度高时,用粗锉进行大余量加工后,在什么时候更换细齿锉是关键,过早更换细齿锉会造成加工时间长;反之,过迟更换细齿锉也会造成表面粗糙达不到要求。在实际加工中每人所留的精锉加工余量是不同的,主要取决于粗锉加工后工件表面平整情况和加工人员掌握锉削技术的高低,工件表面粗糙、个人技术低,精锉加工余量多留;反之,则应少留。

② 锉削时锉刀规格的选用。这主要按工件锉削面的大小、长短确定。工件接近达到精度要求时,工件的锉削面大,选大规格的锉刀;反之,选小规格的锉刀。面大锉刀小,锉削时锉刀左右平移量大,锉面不易锉平;面小锉刀大,易造成锉面塌边、塌角。锉削面纵向长时,选大规格锉刀;反之,选小规格的锉刀。一般工件锉面纵向长 50 mm 以上,选 300 mm 以上锉刀,30~50 mm 可选用 250 mm 的锉刀,30 mm 以下可选用 200 mm 以下的锉刀。在考虑

锉面纵长时,也应考虑锉面的宽度,特别是在锉台阶面时,应尽量使用接近台阶宽度的锉刀,防止因锉刀过宽造成工件塌边现象发生。

③ 锉刀面质量的选择。锉刀面质量不好(锉刀面中凹、波浪形、扭曲、锉齿不均等),均会影响工件加工面的平整度和光洁度。特别是在精锉时,这点更重要。

各种粗细规格的锉刀适宜的加工余量和所能达到的加工精度、表面粗糙度,如表2-1所示,以供加工时参考。

表 2-1 锉刀齿纹的粗细规格选用

锉刀粗细	适 用 场 合		
	锉削余量/mm	尺寸精度/mm	表面粗糙度 $Ra/\mu m$
粗齿锉刀	0.5～1	0.2～0.5	100～25
中齿锉刀	0.2～0.5	0.05～0.2	25～6.3
细齿锉刀	0.1～0.3	0.02～0.05	12.5～3.2
双细齿锉刀	0.1～0.2	0.01～0.02	6.3～1.6
油光锉	0.1 以下	0.01	1.6～0.8

3. 锉刀的装拆、握法、锉削姿势、锉削的压力与速度

(1)锉刀的装拆方法。

安装时,一手持握锉柄插入锉刀尾尖端,然后将手柄在铁砧上顿牢;退下时,右手握住锉刀把,左手捏住锉刀前端,在铁砧边角处,横拉锉刀使锉刀柄上的铁箍与铁砧边相撞即可退下,如图2-36所示。

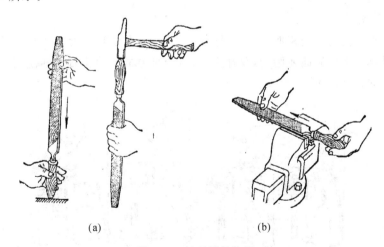

(a)   (b)

图 2-36　锉刀柄的装拆

(a) 装柄方法　(b) 拆柄方法

(2)锉刀的握法。

以锉刀柄顶端抵住右手掌心,随即大拇指压在手柄的正前方,其余四指收拢紧握锉柄;左手大拇指根部压在锉刀前端,其余四指自然弯曲。这种握法适用于较大规格板锉,如图2-37所示。

用横推握法锉窄长面时,锉刀横放在工件上,两手左右握住锉刀,大拇指抵住锉刀侧面,前推后拉进行锉削,握住锉刀尽量短,以保持锉刀更平稳,锉削时注意用力均匀,如图2-38所示。

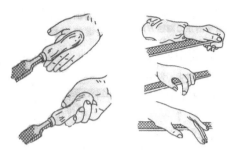

图 2-37　锉刀握法

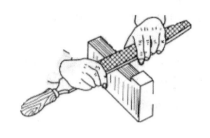

图 2-38　推锉握法

较小规格的锉刀右手握法不变,左手食指、中指、无名指与大拇指捏住锉刀头部,如图 2-39(a)所示。也可根据工件表面锉削面选择不同的握法,如锉削窄长轴向面时,右手仍然不变,左手大拇指与四指呈八字形压住锉刀前端。

小型锉刀也可采用掰锉法,右手握法与前所述相同,左手大拇指压在锉刀前端上面,四指向下回扣,如图 2-39(b)所示。

(a)　　　　　　　　　　　(b)

图 2-39　小型锉刀的握法

(3)锉削姿势。

锉削的站立姿势与锯削相似,双手持锉放在工件上,右手胳膊大小臂基本重合与锉刀成直线,且靠近体侧,上体略向前俯倾,双臂用力,借全身力量推动锉刀前推锉削。此姿势适用于加工余量大的锉削加工,如图 2-40 所示。

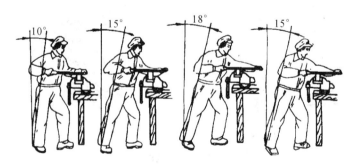

图 2-40　锉削时的整体姿势动作

展臂法锉削,锉削时右胳膊的大小手臂呈 V 字形,手腕部与锉刀成直线,体略前倾。此法适用于小余量的精锉或速度较快的修锉。

(4)锉削的压力与速度。

在锉削时,主要是靠右手向前的推力和向下的压力使锉刀产生切削。因此,在锉削时,右手向前的推力是平稳均匀的,而压力要随着向前推动逐渐增加;左手的压力则随着锉刀向前推动时逐渐减小。回程时,不加压力自然收回。锉削时施力的变化,如图 2-41(a)、(b)、 （c）所示（箭头长短表示施力大小不同）。

锉削速度一般应控制在 50 次/min 左右，推出时速度稍慢，回程时稍快，动作自然协调。

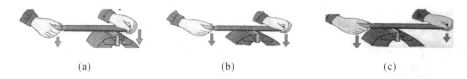

图 2-41　锉削时的施力变化

（a）起始位置　（b）中间位置　（c）终了位置

二、锉削方法

锉削时工件必须装夹牢固。装夹时，工件的锉削面必须与台虎钳钳口平行，且伸出钳口约 20 mm 为宜。

1. 不同型面的锉削方法

（1）平面的锉法。

锉削平面时，工件与锉刀必须在一个水平面上，锉刀向前推动时作直线匀速运动，锉削方法如下。

① 顺向锉法，如图 2-42（a）所示，锉削运动方向与工件夹持方向一致，如锉削工件表面较宽，锉刀在回程时向横向方向作适当的移动，这是锉削最常用的一种方法。顺向锉适用于精锉。

② 交叉锉法，如图 2-42（b）所示，锉刀运动方向与工件夹持方向约成 45°角，锉纹交叉。由于锉刀与工件的接触面大，锉刀容易掌握平稳，锉削量也大，适用于材料的粗加工。交叉锉从锉痕上可以明显看出锉削面的高低变化，便于及时调整锉刀平衡，保证工件的平面度。

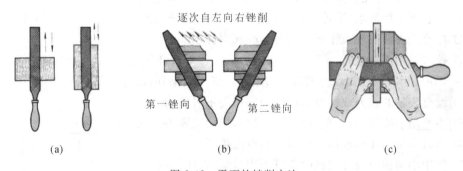

逐次自左向右锉削

第一锉向　第二锉向

（a）　　　　　　　　　　（b）　　　　　　　　　　（c）

图 2-42　平面的锉削方法

（a）顺向锉法　（b）交叉锉法　（c）推锉法

（2）弧面的锉法。

弧面的锉削方法与平面锉削方法有显著的不同，弧面锉削要求锉刀上下晃动，而平面锉削要求锉刀十分平稳绝不能晃动；弧面锉削时可以同时作横向移动，而平面锉削时只能在重新回程时作横向小幅移动，如图 2-43 所示。

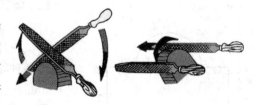

图 2-43　弧面锉削方法

① 外圆弧面的锉法。锉削外圆弧面一般使用平面锉刀，锉削时有两种方法：一种方法是顺着圆弧面晃动锉削，即在锉削时，锉刀向

前,右手下压,左手握住锉刀的前端上翘,然后右手上提回程;另一种方法是横着弧面锉,即在锉削时,锉刀作直线运动的同时作横向移动,这种锉法适用于工件的粗加工。顺着圆弧锉适用于工件的精加工。

② 内圆弧面的锉法。锉削内圆弧面应根据弧面的大小选择锉刀,圆弧半径小选用圆形锉,半径大则选用半圆形锉刀。锉削时,锉刀作直线向前运动,并随着弧面向左或向右移动,同时锉刀围绕其中心线运动,从而保证弧面光滑、平整。

内圆弧面精锉时也可采用推锉方法锉削。

③ 球面的锉法。锉削球面时可参照外圆弧面的锉削方法,但同时要在多个方向锉削,才能锉出要求的球面。

（3）平面与曲面的连接方法。

同时具有平面与弧面的加工件,一般应先加工曲面,然后再加工平面。这是因为如果先加工平面,锉刀侧刃在平面与弧面的连接处锉削时会破坏弧面,或是锉削平面时,因无法准确判断曲面与平面相切的地方而伤及曲面。先锉削曲面,使曲线清晰,在加工平面时便于掌握锉刀不致损伤曲面。

（4）推锉操作方法与使用。

上述平面与曲面的锉削方法如再结合推锉方法的使用,会使平面或曲面获得更好的加工效果。这是由于推锉时平衡较易掌握,且切削量较小,能获得比较平整的平面和较低的表面粗糙度,适用于狭长小平面的平面度修整或凸起表面的加工、相接曲面与平面的加工、内圆弧面锉纹成顺圆弧方向的精加工,如图2-42(c)所示。

2. 锉刀的使用与保养

（1）新锉刀先使用一面,等用钝后再用另一面,不可锉硬金属。

（2）在粗锉时,应充分使用锉刀的有效全长,避免局部锉削磨损。

（3）锉刀要避免沾水、油等,也不可用手摸锉刀或擦拭工件,以免锉刀在锉削时打滑。

（4）如锉刀齿缝嵌入了铁屑,应用钢丝刷、铜针剔除。

（5）锉刀使用或放置时,不可与其他工具或工件堆放在一起,也不可与其他锉刀重叠堆放,以免损伤锉齿。放在钳台上的锉刀刀柄不可露出钳桌外,以免掉下伤人。

（6）没有装柄的锉刀或锉刀柄已裂开的锉刀不可使用。

（7）不准用嘴吹锉屑,以免铁屑飞入眼睑,应用毛刷清理铁屑。

（8）锉刀不可当作撬棍用、不可敲击,以防折断。

（9）使用小型锉刀或什锦锉时不可用力过猛,以防折断。

【实训操作与思考】

对图2-33所示圆弧凸件的锉削加工操作如下:

图2-44 锉削步骤

圆弧凸件的锉削加工,粗加工时用粗齿平锉,精加工时用细齿平锉,在修整和清角时用整形锉加工,精加工预留0.1 mm的锉削余量。加工步骤主要包括:第一步锉削基准面1,保证精度要求;第二步以平面1为基准,锉削工件的侧平面2、3,达精度要求;第三步以平面1为基准,锉削圆弧面,以R规检查圆弧,达精度要求;最后锉削平面5、6,保证尺寸精度(见图2-44)。

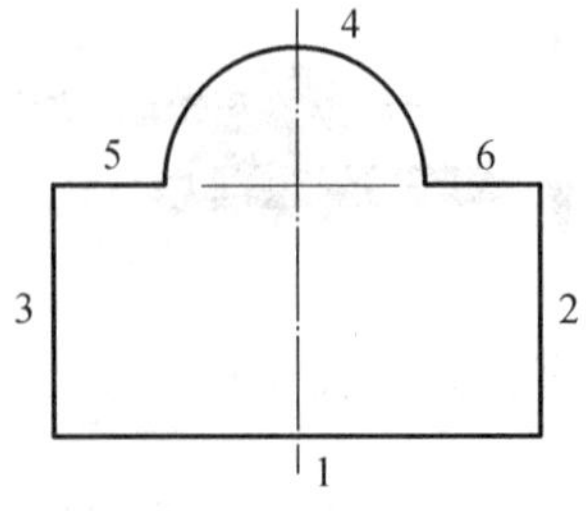

三、锉削工艺实训

锉削工艺实训的材料如表 2-2 所示。

表 2-2　实训课题材料

件号	名称	坯料规格	材料	单位	数量	备注
1	鸭嘴锤	φ28 mm×110 mm	45 钢	个		
2	刀口尺	100 mm×70 mm×6 mm	45 钢	块		

1. 实习工件图

（1）锉削鸭嘴锤（见图 2-45）。

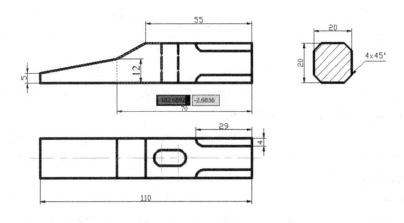

图 2-45　鸭嘴锤

实习步骤如下：

① 锉削加工第一个平面。

采用锉削的方式将图 2-46 所示圆钢加工成如图 2-47 所示形状，形成一个 20 mm×110 mm 的矩形平面。

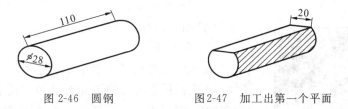

图 2-46　圆钢　　　　图 2-47　加工出第一个平面

② 利用游标高度尺进行划线。

将第①步加工平整的平面作为基准平面置于划线平台上，调整高度尺至 20 mm 刻度处，划线如图 2-48 所示。

③ 锯削、锉削加工第二个平面。

根据划好的线，进行第二个平面的加工，该面采用锯削加工，锯削时预留出 1～2 mm 余量，即沿着图 2-48 所示虚线位置进行割锯。

完成锯削之后改用锉削方式去除余量部分的材料，得到如图 2-49 所示的零件。

④ 划线＋锯削＋锉削加工出第三个平面。

重复上述第②步和第③步，加工出第三个平面，调整高度尺至 20 mm 刻度处，如图 2-50 所示。

⑤ 在加工完三个平面之后,根据如图 2-51 所示尺寸要求划线以确定鸭嘴部分的加工工艺。

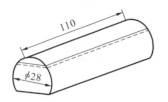

图 2-48　划线

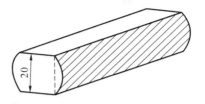

图 2-49　加工出第二个平面

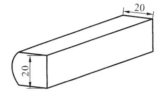

图 2-50　加工出第三个平面

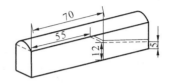

图 2-51　划线确定鸭嘴部分加工工艺

⑥ 按照图 2-51 所示尺寸,分三步完成鸭嘴部分的锯削。依次进行锯削,去掉多余材料,然后用锉刀精锉得到图 2-52 所示手锤雏形。

⑦ 钻孔。

使用钻床钻出装手柄的 U 型孔:采用 M10 的钻头钻出两个孔,接着改用圆锉等进行修整,修整为规则的 U 型孔,尺寸如图 2-53 所示。

⑧ 倒角、倒圆角、修整。

使用锉刀对手锤方形头部的四个棱边进行倒角加工,对斜坡部位进行倒圆角加工($R20$),尺寸如图 2-54 所示。后续进行精锉加工,修整手锤的平整度,至此,鸭嘴锤制作完成。

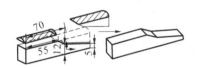

图 2-52　手锤雏形

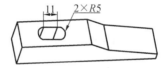

图 2-53　钻孔

图 2-54　倒角、修整

图 2-55　刀口直角尺

(2) 锉削刀口直角尺(见图 2-55)。

实习步骤如下:

① 按图样检查来料尺寸并去除锐边毛刺。

② 将工件用小圆钉固定在合适的木板上加工两大平面,达到图样要求(若两大平面已经磨光,则此步骤可省略)。

③ 锉削外直角面,达到两直角面的直线度 0.01 mm、垂直度 0.02 mm 及表面粗糙度的要求。

④ 分别以直角尺外直角面为基准,划出刀口直角尺的全部线条并予以检查。

按要求钻出 $\phi2$ mm 工艺孔。

⑤ 锯削掉多余的材料(留出 0.5～1 mm 锉削余量),锉削内直角面,达到图样精度要求。

⑥ 锉削出 100 mm 和 70 mm 角尺的端面。

⑦ 按图样尺寸加工出两刀口斜面。

⑧ 研磨各测量面,达到表面粗糙度 $Ra\leqslant0.1\ \mu m$ 的要求。

⑨ 锐边倒棱并作全部精度检查。

2. 注意事项

① 合理选择锉削方法,动作规范、到位。

② 加工夹紧时,加工好的表面装夹要垫上金属衬垫,以免虎钳夹伤工件表面。

③ 在锉削时,要掌握好加工余量,加工中不断测量。注意预留精加工余量,一般为0.2~0.5 mm。

④ 基准面作为加工时控制其他各加工尺寸、位置精度的测量参照基准,必须加工达到所要求的平面度、垂直度要求后才能加工其他的平面。

⑤ 合理选择锉削方法,精锉时可采用顺向锉或推锉的方法。

⑥ 加工时注意要兼顾全面,不能因为要获得较好的平面度而忽略尺寸要求,不能因为要获得较好的角度要求而忽略其他尺寸、形位要求。

⑦ 正确选择测量方法,不要因测量造成二次误差。

3. 练习记录及成绩评定

鸭嘴锤锉削练习记录及成绩评定见表2-3。

表2-3　鸭嘴锤锉削练习记录与成绩评定表

项次	项目与技术要求		配分	评定方法	实测记录	得分
1	平面度达到0.04 mm	(4面)	10	超差全扣		
2	外形尺寸要求达到(20±0.06)mm	(2处)	20	超差全扣		
3	垂直度达到0.04 mm	(2处)	16	超差全扣		
4	表面粗糙度 $Ra=1.6\ \mu m$	(4面)	12	超差全扣		
5	锉纹整齐	(4面)	8	超差全扣		
6	锉削姿势正确		24	目测		
7	遵守纪律与安全实习		10	违者每次扣2分		

刀口直角尺锉削练习记录及成绩评定见表2-4。

表2-4　刀口直角尺锉削练习记录与成绩评定表

项次	项目与技术要求		配分	评定方法	实测记录	得分
1	平面度达到0.1 mm	(6面)	12	超差全扣		
2	外形尺寸达到要求	100 mm	10	超差全扣		
		70 mm	10	超差全扣		
		(20±0.03)mm	10	超差全扣		
3	形位公差达到要求	0.02 mm　(4处)	8	超差全扣		
		0.01 mm　(2处)	6	超差全扣		
4	表面粗糙度 $Ra=3.2\ \mu m$	(6面)	12	超差全扣		
5	锉纹整齐	(6面)	8	目测		
6	锉削姿势正确		14	目测		
7	遵守纪律与安全实习		10	违者每次扣2分		

任务五　錾削

一、錾削工具

1. 錾削基础知识

通过使用手锤打击錾子对金属工件进行切削加工的方法叫錾削。錾削的使用范围较为广泛,主要用于去除毛坯上的凸瘤、毛刺,分割材料,錾削平面和沟槽等。对手锤的熟练掌握,还能对金属材料进行整形、弯曲;在机械维修、模具装配中,手锤也是重要的使用工具,是模具钳工必须掌握的技能之一。

錾削一般在薄板类材料加工中用于去除多余材料。如图 2-56 所示,制作不锈钢瓶口启子。在制作前可以錾削方式排掉多余的材料,需预留 0.5～1 mm 的加工余量。一般情况下,厚度在 4 mm 以下的板材均可进行錾削加工。

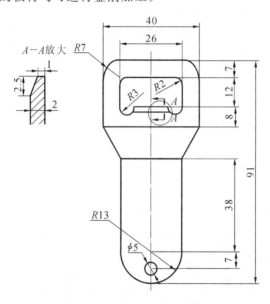

图 2-56　瓶口启子的錾削排料

錾削加工的重点是动作姿势准确规范。錾削质量的保证、錾削加工的安全,一定要有娴熟的挥锤动作,准确的打击目标。

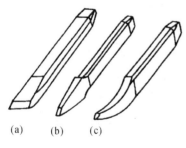

图 2-57　錾子的种类

(a) 扁錾　(b) 尖錾　(c) 油槽錾

2. 錾削工具

錾削使用的工具是錾子、手锤、台虎钳或砧板。

（1）錾子。

錾子是錾削工件使用的刀具,如图 2-57 所示,主要由碳素工具钢经锻打成形后再刃磨和淬火而成。錾子根据其刃口部分的形状不同分为如下几种。

① 扁錾,也叫阔錾、平錾,用于錾削平面、切割材料、去除毛刺等;

② 尖錾,也叫狭錾,用于开槽、分割曲线形板材;

③ 油槽錾,油槽錾的切削刃很短,并呈圆弧形,为方便在内曲面上錾削油槽,其切削部

分做成弯曲形状。它用于錾削平面或曲面上的油槽。

以上是模具钳工常用的几种錾子。除此之外,还有一些特殊功用的錾子,如手工雕刻用錾子,可在模具表面上雕刻花纹、文字、简易图案等。

（2）手锤。

手锤是常用的敲击工具。錾削用的锤子用碳素工具钢制成,并经热处理淬硬。锤子的规格用其质量的大小表示,一般分:0.25 kg、0.5 kg、1 kg 等。锤子与手柄的连接必须牢固可靠,注意检查安插在锤孔中的楔子,以避免因楔子安插不牢固造成锤头脱落酿成事故。

3. 錾削操作

（1）手锤的握法。

手锤的握法有两种:紧握法和松握法。

① 紧握法,如图 2-58(a)所示,用右手五指紧握锤柄,大拇指合在食指上,虎口对准锤头方向(木柄椭圆轴的长轴线方向),木柄尾端露出 15～30 mm,在挥锤和锤击的过程中,五指始终紧握。

② 松握法,如图 2-58(b)所示,只用大拇指和食指始终握紧锤柄。在挥锤时,小指、无名指、中指则依次放松;在锤击时,又以相反的次序收拢握紧。这种握法的优点是手不易疲劳,且锤击力大,是一种常用握法。

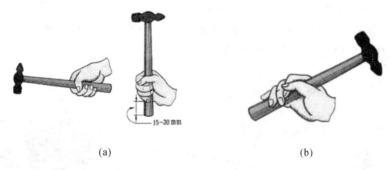

图 2-58　手锤的握法

（a）紧握法　（b）松握法

（2）錾子的握法。

錾子也有三种握法:正握法、反握法和立握法。

① 正握法,如图 2-59(a)所示,手心向下,腕部伸直,用中指、无名指握住錾子,小指自然合拢,大拇指和食指放松伸直地松握,錾子头部伸出约 20 mm。

② 反握法,如图 2-59(b)所示,与正握法相反,手心向上,以手指头部握住錾子,掌心空心。这种握法较轻松,但掌握稍难一些。

图 2-59　錾子的握法

（a）正握法　（b）反握法　（c）立握法

③ 立握法,如图 2-59(c)所示,四指前端与大拇指头部握住錾子,掌心空心。这种握法主要适用于在砧板上錾削板材。

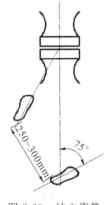

图 2-60　站立姿势

（3）站立姿势。

操作时的站立位置如图 2-60 所示,身体与虎钳中心线大约成 45°,且略前倾,左脚跨前半步,膝盖处稍有弯曲,保持自然,右脚要站稳伸直,不要过于用力。

（4）挥锤方法。

① 腕挥,如图 2-61(a)所示,用手腕挥动手锤进行锤击。锤击力量较小,一般用于錾削余量很小或錾削开始、结尾时。

② 肘挥,如图 2-61(b)所示,用手腕与肘部一起挥动手锤进行锤击,肘挥时左手握錾子右手挥锤,击锤时要目视錾口刀刃,起、落锤时手要紧握锤把。肘挥力量较大,掌握也较容易,应用最多,采用松握法挥锤省力又不易疲劳。

③ 臂挥,如图 2-61(c)所示,用整个手臂挥动手锤进行锤击,臂挥时右手握锤动作:第一是尽量往右上角抡锤,第二是向后弯曲小臂,第三是迅速用力击锤并要稳、准、狠。臂挥锤击力量最大,錾削余量也是最大,掌握难度也较大,挥锤十分熟练的情况下选用。

（5）锤击速度。

錾削时的锤击要稳、准、狠,动作要一下一下地有节奏进行,一般在肘挥时速度约 40 次/min,腕挥时稍快些。錾削动作如图 2-62 所示。

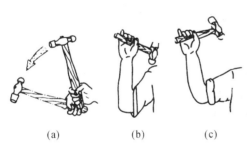

(a)　　　(b)　　　(c)

图 2-61　挥锤方法

(a) 腕挥　(b) 肘挥　(c) 臂挥

手锤锤头运动轨迹

手臂摆动

图 2-62　錾削动作

（6）起錾方法。

起錾方法有斜角起錾和正面起錾两种,如图 2-63 所示。錾削平面时,采用斜角起錾方法,即先在工件边缘尖角处,将錾子摆成负角,如图 2-63(a)所示,錾出一个斜面,再按正常的錾削角度逐步向中间錾削。若錾削槽时,则要采用正面起錾,即起錾时全部刃口贴住工件錾削部位的端面,錾出一个斜面后再按正常角度錾削,如图 2-63(b)所示。

（7）錾削动作。

錾削时的切削角度,一般应使后角 α。在 5°～8°之间,如图 2-64 所示。后角过大,錾子易扎入工件深处;后角过小,錾子易在錾削部位滑出。在錾削过程中,一般每錾削两三次后,可将錾子退回一些,作一次短暂的停顿,然后再将刃口抵住錾处继续錾削。如此既便于观察錾削表面的平整情况,又可使手臂肌肉得到放松。

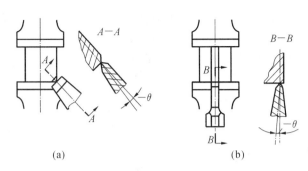

图 2-63　起錾方法

（a）斜角起錾　（b）正面起錾

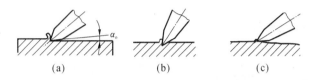

图 2-64　后角及其对錾削的影响

（a）后角 5°～8°　（b）后角太大　（c）后角太小

（8）尽头处的錾法。

一般情况下，当錾削接近尽头 10～15 mm 时，继续錾削尽头处就会崩裂，这时，应调头錾去余下的部分。

二、錾削操作方法

1. 直槽錾削方法

① 根据图样要求划出直槽加工线条。

② 依据直槽宽度尺寸修磨好尖錾。

③ 錾第一条槽。采用正面起錾，先沿线条以 0.5 mm 的錾削量錾第一遍，再按直槽深度尺寸以每次 1 mm 的錾削量分批錾削，最后一遍作平整修錾。

④ 依次錾完其他槽并检查全部錾削质量，作必要的修錾。

2. 板料錾削方法

錾削薄板料（厚度在 2 mm 以下），可将其夹在台虎钳上錾削，如图 2-65 所示。錾削时，板料按划线与钳口平齐装夹，用扁錾沿着钳口并对着板料约成 45°角自右向左錾削。

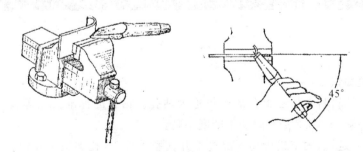

图 2-65　在台虎钳上錾削板料

对不能在台虎钳上錾削的尺寸较大或有曲线的板料，则可在铁砧或旧平板上进行。此时，作切断用的錾子的切削刃应磨成有适当的弧形，使前后排錾时錾痕能连接齐整，如

图 2-66(a)、(b)所示。当錾削直线段时,錾子刃宽可大些(用扁錾)。錾削曲线段时,刃宽应根据曲线的曲率半径大小而定,使錾痕能与曲线基本一致。錾削时,应由前向后錾削,开始时錾子应放斜些,似剪切状,然后逐步放垂直依次錾削,如图 2-66(c)、(d)所示。

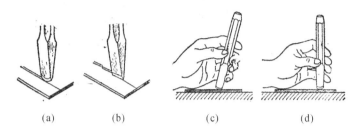

(a)   (b)   (c)   (d)

图 2-66 板料錾削方法

(a) 圆弧刃錾錾削錾痕齐整   (b) 平刃錾錾削錾痕易错位   (c) 先倾斜錾削   (d) 后直立錾削

3. 錾削注意事项

① 检查手锤是否牢固,不得有松动,錾子应锋利无缺口或磨损,工件装夹牢固。

② 錾削时注意切削角度,一般应在 0~6°。后角过大,錾子易向工件深处扎入;后角过小,錾削平面不平或錾子易在錾削部位滑出。

③ 錾削时应经常观察錾削表面,每錾削几次后,作短暂停顿,调整后再继续錾削。

④ 錾削快完时,一般情况下应调头錾去余下的部分,否则,尽头部分会塌陷或崩裂。

⑤ 錾子应松动自然地握正、握稳。眼睛的视线要落在錾削部位,初学者尤其要注意,不可盯着錾子的锤击头部或眼睛跟着手锤转动,否则,极易伤及手部。

⑥ 錾削挥锤要稳健有力,手锤落点准确到位,要注意掌握和控制好手的运动轨迹、位置。否则,锤击无力,錾削达不到应有的效果,还会伤及自己。

⑦ 錾削时,应注意旁边是否有人,要防止切屑飞出伤人。

【实训操作与思考】

对图 2-56 所示瓶口启子的錾削排料操作如下:

在錾削前划好錾削加工线,留锉削加工余量。用扁錾采用"剪切法"排料,再对工件进行锉削加工完成。

任务六 孔加工

一、钻孔

1. 钻削相关知识

用钻头在实体材料上加工出孔的操作称为钻孔。钻孔的标准公差等级一般为 IT10~IT11,表面粗糙度 $Ra \leqslant 3.2\ \mu m$,故加工精度不高。

零件的连接、定位、固定或传动等都离不开孔系的加工,孔加工主要包括钻孔、扩孔、锪孔、铰孔、攻螺纹、套螺纹。

如图 2-67 所示为转动配合组合加工件。这个转动配合组合涉及孔的各种形式的加工,最后由螺钉与销钉连接成组合件。根据图样中孔的精度要求,进行一系列的孔的加工。

孔加工之前,必须划线并打上样冲眼。钻削加工时,先将左右两个导板的底孔钻削加工完成,再与底板配合钻孔,以保证孔的同轴度。然后再用锪孔钻(可用修磨过的麻花钻头代替),锪孔达尺寸要求;导板与底板上的销钉孔(注意留铰削余量)钻好后,用 $\phi6H7$ 铰刀铰削加工;底板上的螺钉孔先钻螺纹底孔,再用 M6 丝锥攻螺纹。这样,孔的加工才算完成,最后按要求装配组合。

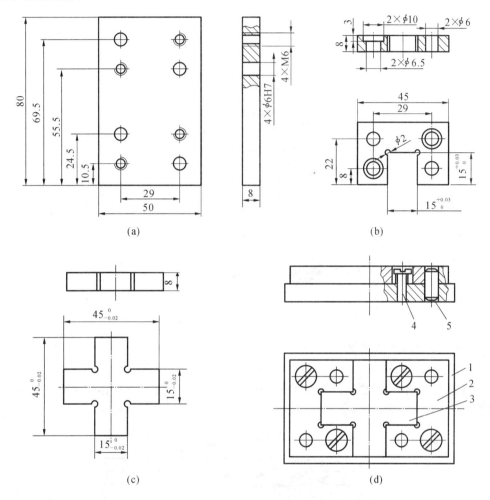

技术要求:
1.件1件2配合间隙小于等于0.04 mm;
2.件3转位90°、180°、270°后仍能与件2保持配合间隙小于等于0.04 mm。

图 2-67　转动配合组合
（a）件 1（底板）　（b）件 2（导板）　（c）件 3（十字板）　（d）装配图
1—底板;2—导板;3—十字板;4—螺钉;5—销钉

钻削加工的重点是保证钻具的切削部分的几何角度及合理地选用切削用量。钻削加工时,一定要装夹牢靠,控制好切削速度、进给量,从而保证加工质量。

2. 钻削工具及钻削操作

1）钻床分类及使用

（1）台钻。

台钻即台式钻床,如图 2-68 所示,是一种小型钻床,一般用来加工直径 $D \leq 12$ mm 的

孔。台钻的变速是通过改变 V 形带在两个塔轮轮槽的位置来实现的,钻孔时主轴作顺时针旋转,变速时必须停车进行。

（2）立钻。

立钻即立式钻床,一般用来钻削中、小型孔径的工件,常用立钻最大钻孔直径有 25 mm、35 mm、40 mm、50 mm 几种。立钻的变速是通过齿轮变速机构实现的。

（3）摇臂钻床。

摇臂钻床一般用来钻削较大的孔径,最大的特点是它的主轴可以沿摇臂上的水平导轨往复移动,这在加工多孔时是非常方便的。

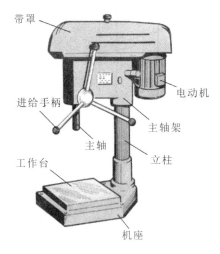

图 2-68　台式钻床

2）钻头分类及其切削角度

（1）直柄式麻花钻头。

麻花钻是由柄部、颈部及刀体组成的。一般将直径 $D \leqslant 13$ mm 的钻头制成直柄,即直柄式麻花钻头,如图 2-69(a)所示。

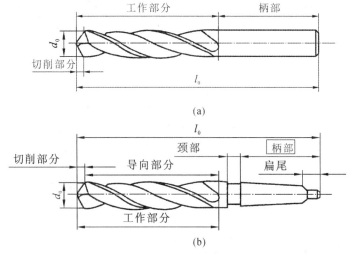

（a）

（b）

图 2-69　麻花钻头

（a）直柄式麻花钻头　（b）锥柄式麻花钻头

（2）锥柄式麻花钻头。

一般将直径 $D \geqslant 13$ mm 的钻头制成锥柄，用专用钻套装夹，即锥柄式麻花钻头，如图 2-69(b) 所示。

（3）标准麻花钻头的切削角度。

麻花钻的切削部分如图 2-70 所示，它的两个螺旋槽表面称前刀面，切屑由此排出。切削部分顶端的两个曲面称后刀面，它与工件的切削表面相对。钻头的棱边是与已加工表面相对的表面，称为副后刀面。前刀面和后刀面的交线称为主切削刃，两个后刀面的交线称为横

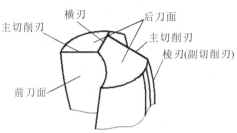

图 2-70　麻花钻的切削部分

刃，前刀面与副后刀面的交线称为副切削刃。标准麻花钻即由五刃（两条主切削刃、两条副切削刃和一条横刃）六面（两个前刀面、两个后刀面和两个副后刀面）组成。

标准麻花钻头的顶角 2φ 为 $118°\pm2°$，外缘处的后角 α 的角度一般为 $10°\sim20°$ 之间，横刃斜角 ψ 为 $55°$。

3）钻削用量选择

为使工件加工的孔达到精度要求、表面粗糙度要求及防止钻头折断，保证良好的生产效率，在机床允许的功率条件下，在刀具和工件允许的强度、刚度的范围内，必须合理地选择钻削用量，从而使钻削加工达到工艺要求。因此，钻削用量的选择是孔加工的关键因素。

钻削用量包括切削速度、进给量和切削深度三要素。

（1）切削速度 v。

切削速度是指钻孔时钻头直径上某一点的线速度，可表示为

$$v = \frac{\pi d n}{1000}(\text{m/min})$$

式中：　d——钻头直径（mm）；

　　　　n——钻床主轴转速（r/min）。

切削速度的选择：当工件材料的强度与硬度较高时取较小的转速，当孔径较小时转速也取较小值。

（2）进给量 f。

进给量是指主轴每转一周钻头对工件沿主轴轴线的相对移动量，进给量选择参照表 2-5。

表 2-5　高速钢标准麻花钻头进给量

钻头直径 d/mm	<3	3~6	6~12	12~25	>25
进给量 f/(mm/r)	0.02~0.05	0.05~0.18	0.1~0.18	0.1~0.38	0.38~0.62

（3）切削深度 s。

切削深度是指已加工表面与待加工表面之间的垂直距离，也可以理解为一次走刀所能切下的金属层厚度。对钻削而言，$s=d/2$（mm）。

4）钻削操作工艺

（1）工件的划线。

按钻孔的位置要求，划出孔位的中心线并打上冲眼，冲眼要小，位置要准，再按孔的

尺寸划出圆周线。钻较大直径的孔,则需划出几个大小不等的检查圆作为钻孔时检查和校正孔位用。当孔位尺寸要求较高,为避免打中心冲眼时产生偏差,也可直接划出以孔中心线为对称中心的几个大小不等的方格,作为钻孔时的检查线,然后将冲眼敲大,以便准确定心。

(2) 工件的装夹。

① 平正工件的装夹。使用平口钳装夹,如图 2-71(a)所示。装夹时应使工件表面与钻头垂直。钻孔径大于 10 mm 的孔时,必须将平口钳用压板固定。钻通孔时,工件底部应垫上垫木空出落钻部位,避免钻坏平口钳。

② 圆柱形工件的装夹。使用 V 形铁装夹,装夹时应使钻头轴心线与 V 形铁两斜面对称安置以使钻出孔的中心线通过工件轴心线。钻较大孔时应选用带夹持弓形架的 V 形铁将工件压紧,如图 2-71(b)所示。

③ 较大孔径工件的装夹。使用 T 形螺母压板、垫铁等将工件压紧在平台上进行钻孔,如图 2-71(c)所示。

④ 底面不平或基准面为侧面的工件的装夹。使用角铁装夹,如图 2-71(d)所示。为平衡钻孔时的轴向力,角铁必须用压板固定在钻床工作台上。

⑤ 其他形式工件的装夹。钻圆柱工件两端面孔时,应使用卡盘将工件卡紧且将卡盘压紧固定在工作台上钻孔。在小型工件或薄板件上钻直径小于 8 mm 的孔时,可将工件放置在垫块上,用手虎钳夹持钻孔,如图 2-71(e)所示。

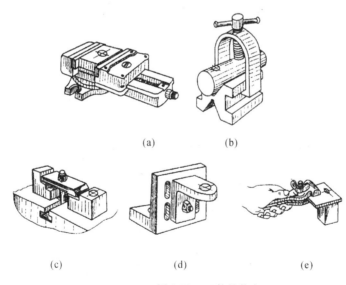

(a)　　　　(b)

(c)　　　　(d)　　　　(e)

图 2-71　工件的装夹

(3) 起钻。

先使钻头对准钻孔中心冲眼起钻出一浅坑,观察钻孔位置是否准确,孔的位置度要求高时可使用中心钻起钻。

(4) 手进给操作。

起钻完成后即可手进给完成钻孔。手进给时进给力不应使钻头产生弯曲(尤其钻小孔径孔时)以免使钻孔轴线歪斜。钻小径孔或深孔时进给力要小,并要经常退钻排屑,避免切屑堵塞而扭断钻头。孔将钻通时也必须减小进给力,防止钻通时因进给量突然过大造成钻头折断或使工件随钻头转动甩出造成事故。

（5）钻孔时的润滑。

为了使钻头散热冷却，减少钻削时钻头与工件、切屑之间的摩擦，以及消除黏附在钻头和工件表面上积屑瘤，从而降低切削抗力，提高钻头的耐用度和改善加工孔的表面质量，钻孔时要加注冷却润滑液。

钻钢件时，可用 3%～5% 的乳化液或 7% 的硫化乳化液。

孔的精度要求较高和表面粗糙度值要求很小时，应选用主要起润滑作用的切削液，如菜油、猪油等。

在塑性、韧性较大的材料上钻孔时，要求加强润滑作用，在切削液中可加入适当的动物油和矿物油。

5）典型零件的钻削方法

（1）利用钻模装置在轴件上钻孔。

为防止钻头引偏和正确确定钻孔位置，可使用钻模装置在轴件上钻孔。钻模装置的形式可根据实际钻孔的需要进行设计制作。如图 2-72 所示，可将钻模固定在架板上，用夹块和螺钉将架板安装在 V 形铁上进行钻孔。

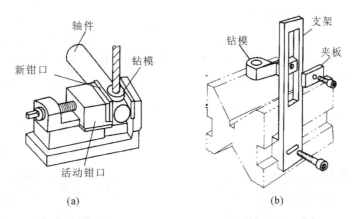

图 2-72 轴件在 V 形铁上钻孔使用的钻模

（2）钻骑缝孔的方法。

在连接件合缝处的钻孔称为钻骑缝孔。钻骑缝孔的钻头及其伸出钻夹头的长度都要尽量短；钻头的横刃要尽量磨窄以增加刚度，提高定心性。在钻不同材料的骑缝孔时，打中心样冲眼应偏往硬质材料一边。最后将钻尖对准工件合缝处的样冲眼钻出骑缝孔。

（3）钻平面半圆孔的方法。

在工件平面边缘钻半圆孔，若是单件加工，可用同样材料的物件与工件合拼后装夹在平口虎钳上钻孔；若是多件加工，则将两个工件合并起来装夹在平口虎钳上冲眼钻孔，如图 2-73 所示。

（4）钻薄板孔的方法。

厚度在 2 mm 以下的板料称为薄板。

① 薄板工件钻孔的装夹方法。一般要将薄板放置在底座

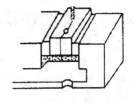

图 2-73 钻平面半圆孔

上，通过定位、挤压或压板压紧方式将薄板件固定在底座上。如图 2-74 所示的是利用定位销定位，通过拧紧偏心内六角螺栓的方式把薄板件夹紧钻孔的方法。

② 使用薄板钻头钻孔。如图 2-75 所示为钻薄板钻头。

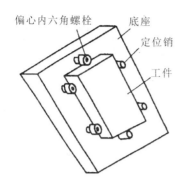

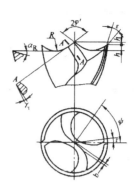

图 2-74　偏心螺栓夹紧薄板件　　　　图 2-75　钻薄板钻头

（5）利用钻模板钻孔。

在大批量加工孔时，可制作专用钻孔模具钻孔，既可提高孔的尺寸精度，又可提高生产率。工件的钻孔模具要根据工件的具体形状、尺寸及精度要求设计制造。如图 2-76 所示为在台虎钳上安装钻模板钻孔。

（6）钻斜孔和在斜面上钻孔的方法。

① 在工件上钻斜孔的方法。钻斜孔时，可采用按照孔的倾斜角度将工件倾斜相应角度装夹的方法钻孔。如图 2-77 所示的是将工件装夹在台虎钳上，再将台虎钳垫高使工件倾转至斜孔角度钻孔的方法。在批量钻斜孔时则应使用钻斜孔专用夹具来钻斜孔。

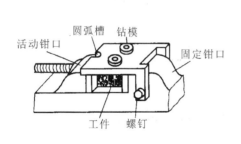

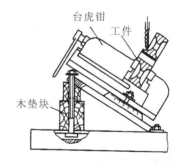

图 2-76　在台虎钳上安装钻模板钻孔　　　　图 2-77　倾斜安装工件钻斜孔

② 在斜面上钻孔。可使用无横刃钻头在斜面上钻孔，也可以按照孔径先使用键槽铣刀或立铣刀铣出个小平面后再钻孔。若斜面角度较小，也可以先使用样冲冲出一个稍大的样冲眼，接着使用中心钻钻出中心孔后再正式钻孔。若斜面上孔的位置精度要求较高，则应配合使用钻模装置来钻斜面孔，以保证斜面孔的正确位置。

6）麻花钻刃磨方法

（1）刃磨要求。

顶角 2φ 为 $118°\pm2°$ 且关于钻头轴线对称。后角 α_o 为 $8°\sim14°$，两主后面要刃磨光滑。横刃斜角 Ψ 为 $50°\sim55°$。两主切削刃对称等长，直径大于 6 mm 的钻头应磨短横刃。

（2）刃磨操作方法。

① 两手握法。右手握住钻头的头部，左手握住柄部。

② 钻头与砂轮的相对位置。钻头的主切削刃成水平位置，钻头中心线与砂轮圆柱面的夹角为钻头顶角的一半。

③ 刃磨动作。将主切削刃在略高于砂轮水平中心面处先轻轻接触砂轮外圆,右手慢慢地使钻头绕自身的轴线转动,左手配合右手将钻柄下压并作上下扇形摆动,刃磨时的转动和下压动作要同步进行且刃磨压力逐渐增大。两手动作的配合要协调自然,反复按此刃磨,两后刀面不断轮换直至达到要求,如图 2-78 所示。

④ 钻头冷却。刃磨时要经常蘸水冷却,防止钻头因过热退火而丧失硬度。

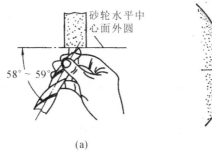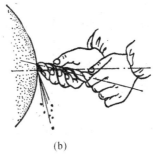

图 2-78　麻花钻的刃磨

（3）砂轮选择。

一般选用粒度为 46～80 号、硬度为中软级的氧化铝砂轮。砂轮圆柱面和两侧面都要平整无缺陷。砂轮旋转必须平稳,跳动量大的砂轮难以刃磨好钻头。

（4）刃磨检验。

利用专用检验样板可对钻头的角度及两主切削刃的对称情况进行检验,如图 2-79 所示。常采用的方法一般是目测法,目测检验时,把钻头向上竖立,两眼平视,由于钻刃一前一后易产生视差,目测时会感到左刃(前刃)高右刃(后刃)低,故要把钻头旋转 180°后反复再看,若感觉相同,钻头便基本磨对称了。

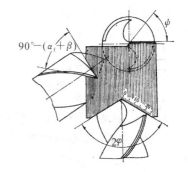

图 2-79　专用样板检查刃磨角

7）钻头装夹工具

（1）钻夹头。

钻夹头用来装夹直柄钻头,其规格有大、中、小三种。小号夹持 $\phi0.6～6$ mm 的钻头,中号夹持 $\phi2.5～13$ mm 的钻头,大号夹持 $\phi3～16$ mm 的钻头。

（2）快换钻夹头。

快换钻夹头是一种不用停车即可以换装钻头的夹具,使用它既可提高加工精度又能极大地提高生产率。

（3）自动夹紧钻夹头。

自动夹紧钻夹头是一种利用钻削力自动夹紧的钻夹头。自动夹紧钻夹头不能用于反转钻削(失去夹紧作用)。

（4）钻头套和楔铁。

钻头套是用来装夹圆锥柄钻头的夹具。当钻床主轴锥孔号数与钻头锥柄号数不同时,则使用钻头套对两者作过渡连接。

钻头套有 1 号至 5 号。其号数代表内锥孔的莫氏锥体号数,外锥体号比内锥体的要大一号。楔铁是用来拆卸锥柄钻头或钻头套的辅助工具。

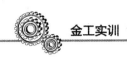

8) 刃磨钻头的安全知识

① 刃磨前要仔细检查砂轮机的罩壳、托架等是否牢固;用手盘转砂轮片检查其表面是否有缺陷。

② 刃磨时必须站在砂轮机的侧面。

③ 刃磨时施加压力不能过大。

9) 钻孔的安全知识

① 钻孔前检查钻床的锁紧装置及调速装置是否良好。

② 工作台面清洁干净,无刀具、量具及其他杂物。

③ 装卸紧松钻头必须使用钥匙手柄或斜铁,不允许用手锤或其他工具敲打。

④ 启动钻床时要检查床身上是否插有钥匙、手柄或斜铁,若有则必须将其拿下后才能启动钻床。

⑤ 操作者操作时要将工作服袖口扣好,女工的长发必须压入工作帽。严禁戴手套或手握抹布钻孔。

⑥ 操作者的头部不得太靠近旋转状态的钻床主轴。

⑦ 工件必须夹紧牢固,一般不允许手握工件钻孔。

⑧ 使用毛刷清除钻屑,不准用嘴吹钻屑。

⑨ 停机时用铁钩清除缠绕在钻头上的切屑。

⑩ 钻通孔时应在工件下面垫上垫块,防止钻坏工作台面;钻孔结束,必须马上切断电源并对钻床进行常规保养。

二、扩孔和锪孔

1) 扩孔操作方法

用扩孔钻或麻花钻,对工件上已有的孔进行扩大加工称为扩孔。扩孔后孔的公差等级可达 IT10~IT9,表面粗糙度 Ra 可达 $12.5~3.2~\mu m$。一般用于孔的半精加工和铰孔前的预加工。其操作步骤如下:

(1) 钻头类型的选择。

小批量的扩孔加工可使用麻花钻;成批大量生产则使用扩孔钻。

(2) 切削用量的选择。

① 底孔直径 d。底孔直径为扩孔直径的 0.5~0.7。

② 背吃刀量 a_p。背吃刀量 $a_p = \frac{1}{2}(D+d)$,其中 D 为扩孔后的直径(mm),d 为底孔直径(mm)。

③ 切削速度 v。切削速度为钻孔时的 $\frac{1}{2}$。

④ 进给量 f。进给量为钻孔时的 1.5~2 倍。

(3) 两次钻削。

先用直径为扩孔直径的 0.5~0.7 的钻头钻出底孔,然后用扩孔钻(或麻花钻)按上述方法选择切削用量后进行扩孔。

2) 锪孔操作方法

用锪钻将孔口表面加工成一定形状的孔或平面称为锪孔,如图 2-80 所示。

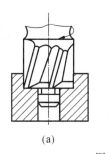  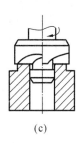

(a)   (b)   (c)

图 2-80　锪孔加工形式

（a）锪圆柱形沉孔　（b）锪锥形沉孔　（c）锪孔口和凸台平面

（1）锪钻种类及应用。

① 柱形锪钻，用来加工各式柱形埋头孔的锪钻。

② 锥形锪钻，用来加工各式锥形埋头孔及倒角的锪钻。

③ 端面锪钻，用来锪平孔口端面的锪钻。

（2）锪孔方法。

与钻孔方法基本相同，但因加工面容易出现振痕，故在锪孔操作时应注意以下几点：

① 锪孔时进给量为钻孔的 2～3 倍，切削速度为钻孔的 1/3～1/2。精锪孔时可利用钻床停机后主轴的惯性来锪孔，以减少振动而获得光滑表面。

② 尽量选用较短的麻花钻来改制锪钻，并适当减小后角和外缘处前角，防止扎刀和振动。

③ 锪钻的刀杆和刀片装夹要牢固，工件夹持要稳定。

④ 锪孔至所需深度终点位置时，停止进给后应使锪钻继续旋转几圈再予以退刀，以使加工面获得较好的形状精度。

⑤ 锪削钢件时，因切削热量较大，故应在导柱和切削表面加切削液。

三、铰孔

用铰刀从工件孔壁上切除微量金属层，以提高其尺寸精度和降低表面粗糙度的方法称为铰孔。铰孔公差等级可达 IT9～IT7 级，表面粗糙度 Ra 可达 $1.6～0.4~\mu m$，是对粗加工孔的精加工。

1）铰刀的种类及应用

铰刀按使用方法可分为手用铰刀和机用铰刀；按形状（或用途）可分为圆柱铰刀和圆锥铰刀；按结构可分为整体式铰刀和可调节式铰刀。

（1）整体圆柱铰刀。

整体圆柱铰刀主要用来铰削标准直径系列的孔，分机用和手用两种。为了便于测量铰刀的直径，铰刀齿数多取偶数。手用铰刀刀齿在刀体圆周上采用不等齿距分布形式。机用铰刀则制成等齿距分布形式。等齿距分布的铰刀在铰削过程中因刀齿所受的铰削阻力会发生周期性变化，使各齿在同一切削位置发生"弹性退让"现象，从而导致孔壁上出现纵向凹痕。不等齿距分布的铰刀则无此现象，铰削时能得到较高的铰孔质量。

（2）手用可调节式铰刀。

手用可调节式铰刀主要在单件生产和修配工作中用来铰削非标准孔。其加工孔径的范围为 $\phi 6～54~mm$，直径的调节范围为 $\phi 0.5～10~mm$。

（3）整体式锥铰刀。

锥铰刀用于铰削圆锥孔，常用的有以下四种。

①1：10锥铰刀，用来铰削联轴器上与锥销配合的锥孔铰刀。锥度较大，加工余量大，铰削时切削力也较大，一般制成2～3把一套，其中一把是精铰刀，其余是粗铰刀。

②1：30锥铰刀，用来铰削套式刀具上的锥孔的手用铰刀，无粗精之分，每组只有一把铰刀。

③1：50锥铰刀，用来铰削圆锥定位销孔的铰刀。

④莫氏锥铰刀，用来铰削0～6号莫氏锥孔的铰刀。因锥度较大（近似1：20），加工余量大，故制成2～3把一套。

（4）螺旋槽手铰刀。

螺旋槽手铰刀用来铰削带有键槽的孔。铰刀刀体上螺旋槽方向有左旋和右旋两种。左螺旋槽铰刀切削时，左旋刀刃能使切屑向下排出，故适用于铰削通孔；右螺旋槽铰刀切削时，切屑向上排出，适用于铰削盲孔。

2）铰孔方法

（1）铰削余量确定。

铰削余量指上道工序（钻孔或扩孔）完成后留下的加工余量。铰削余量应选择合适，一般情况下，对IT9～IT8级孔可一次铰出；对IT7级孔应分粗铰和精铰；对孔径较大的孔（$D>20$ mm）则要先钻孔，再扩孔，最后进行铰孔。铰削余量的选择见表2-6。

表 2-6　铰削余量的选择

铰孔直径/mm	<5	5～20	21～32	33～50	51～70
铰孔余量/mm	0.1～0.2	0.2～0.3	0.3	0.5	0.8

（2）机铰铰削速度和进给量的选择。

铰削速度和进给量过大或过小都将影响铰孔质量和铰刀使用寿命。

用高速钢铰刀铰钢件时，速度$v=4～8$ m/min，进给量f在0.5 mm/r左右；铰削铸铁件时，$v=6～8$ m/min，f在0.8 mm/r左右；铰削铜件时$v=8～12$ m/min，f为1～1.2 mm/r。

（3）铰孔操作方法及要点。

①装夹。工件要找正、夹紧，对较薄工件的装夹要合理适当，防止孔变形。

②起铰。手铰起铰时，可用右手通过铰孔轴线施加进刀压力，左手转动。正常铰削时，两手要用力均匀、平稳地转动，不得有侧向压力，同时适当加压，使铰刀均匀地进给，以保证铰刀正确引进和获得较小的表面粗糙度，并避免孔口成喇叭形或将孔径扩大。

③铰削过程。铰削过程中或退出铰刀时，铰刀均不能反转，防止刃口磨钝以及切屑嵌入刀具后面与孔壁间，将孔壁划伤。

④机铰。机铰时，应使工件一次装夹进行钻、铰工作，以保证铰刀中心线与钻孔中心线一致。同时先要采用手动进给，在铰刀切削部分进入孔内后即可改用机动进给。机铰结束，要在铰刀退出后再停机，防止孔壁拉出痕迹。

⑤铰削尺寸较小的圆锥孔。可先按小端直径并留取圆柱孔精铰余量钻出圆柱孔，再用锥铰刀铰削即可。铰削过程中要经常用相配的锥销来检查铰孔尺寸，如图2-81（a）所示。

⑥铰削尺寸较大的圆锥孔。对尺寸和深度较大的锥孔，为减小铰削余量，铰孔前应先钻出阶梯孔，如图2-81（b）所示。

一般1：50的圆锥孔钻两节阶梯孔；1：10锥孔、1：30锥孔、圆锥管螺纹底孔、莫氏锥孔钻三节阶梯孔。三节阶梯孔的预钻孔直径的计算公式见表2-7。

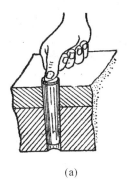
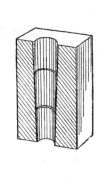
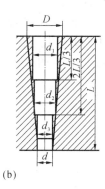

(a)　　　　　　　　　　　　　　　　　　(b)

图 2-81　圆锥孔的铰削

(a)用锥销检查铰孔尺寸　(b)预钻的阶梯孔

表 2-7　　三阶梯孔预钻孔直径　　　　　　　　　　　　　　　　　　(mm)

项　目	计　算　式
圆锥孔大端直径 D	$d+LC$
距上端面 $L/3$ 的阶梯孔直径 d_1	$d+\dfrac{2}{3}LC-\delta$
距上端面 $2L/3$ 的阶梯孔直径 d_2	$d+\dfrac{1}{3}LC-\delta$
距上端面 L 的孔径 d_3	$d-\delta$

表中：d——圆锥孔小端直径(mm)；L——圆锥孔长度(mm)；C——圆锥孔锥度；δ——铰削余量(mm)。

　　三阶梯孔预钻孔按先钻出 d_3 孔，再钻出 d_2 孔，最后钻出 d_1 孔的步骤进行。加工出预钻孔后，用粗、精锥度铰刀铰削即可。铰削过程中同样应注意用圆锥销检测控制铰削尺寸。

　　⑦ 铰削时的切削液。铰削时必须选用合适的切削液来减少摩擦并降低刀具和工件的温度，防止产生积屑瘤，并减少切屑细末黏附在铰刀刀刃上，以及孔壁和铰刀的刃带之间，从而减小加工表面的表面粗糙度与孔的扩大量。

四、攻螺纹与套螺纹

　　用丝锥加工出工件内螺纹的方法称为攻螺纹。用板牙在圆杆上切削出外螺纹的方法称为套螺纹。

1. 攻螺纹

　　1）攻螺纹操作的相关知识

　　(1) 攻螺纹的工具。

　　丝锥是加工内螺纹的工具，有机用丝锥和手用丝锥，一般成组使用。普通三角螺纹丝锥中 M6～M24 的丝锥每组有两支；小于 M6 和大于 M24 的丝锥每组有三支；细牙螺纹丝锥不论大小均为两支一组。

　　成组丝锥中，对每支丝锥切削量的分配有两种形式：锥形分配和柱形分配。

　　①锥形分配，指一组丝锥中，每支丝锥的大径、中径和小径都相等，只是切削部分的切削锥角及长度不等。

　　锥形分配切削量的丝锥也叫等径丝锥。当加工通孔螺纹时，只需使用头锥（头攻）丝锥

一次切削即可攻制出符合要求的螺孔,二锥(二攻)、底锥(三攻)用得较少。

一般 M12 以下丝锥采用锥形分配。由于头锥丝锥能一次攻制成形,攻制中承受的负荷较大,因此丝锥易磨损且攻制的螺纹精度和表面粗糙度都较差。

② 柱形分配,指一组丝锥中每支丝锥的大径、中径和小径都不相等,只有用底锥攻制后才能得到正确的螺纹直径。

柱形分配切削量的丝锥也叫不等径丝锥,其头锥和二锥的大径、中径和小径都比底锥小;头锥、二锥的中径一样,大径不一样,头锥的大径小,二锥的大径大。

一般大于或等于 M12 的手用丝锥采用柱形分配。柱形分配的丝锥其切削量分配比较合理,每支丝锥磨损均匀,使用寿命较长,攻螺纹时较省力。

使用柱形分配的丝锥攻螺纹时要注意丝锥顺序不能搞错。

(2)铰杠。

铰杠是手工攻制螺纹时用来夹持丝锥的工具。有普通铰杠和丁字铰杠两类。丁字铰杠主要适用于攻制工件凸台旁的螺孔或机体内部的螺孔。各类铰杠又分为固定式和活络式两种。固定式铰杠常用于攻制 M5 以下的螺孔;活络式铰杠可以调节方孔尺寸,故应用范围较广。

(3)攻制螺纹前底孔直径和深度的确定。

底孔直径的大小要根据工件的材料塑性大小以及螺纹直径的大小,查机械切削手册中的相应表格来选择确定,也可按下列经验公式计算得出。

① 钢和其他塑性较大及扩张量中等的韧性材料:

$$d_底 = d - p$$

② 铸铁和其他塑性小及扩张量较小的脆性材料:

$$d_底 = d - (1.05 \sim 1.1)p$$

式中: $d_底$——底孔直径(mm);

$\quad\quad d$——螺纹大径(mm);

$\quad\quad p$——螺距(mm)。

③ 不通孔螺纹(盲孔)底孔深度的确定。钻不通孔螺纹时,由于丝锥切削部分带有锥角,不能攻制出完整的螺纹牙形,为保证螺纹的有效深度,应使底孔深度大于所需的螺纹深度。底孔深度一般取为

$$L = l + 0.7d$$

式中: L——底孔深度(mm);

$\quad\quad l$——螺纹有效深度(mm);

$\quad\quad d$——螺纹大径(mm)。

(4)切削液的选用。

攻制韧性材料的螺孔时要加切削液,以增加润滑性,减少切削阻力,提高螺纹的加工质量和延长丝锥的使用寿命。

2)攻螺纹的操作步骤和方法

(1)划线。

按图样要求划出螺纹大径圆周线和中心线并在圆心及中心线与圆周交点处打出样冲眼。

(2)钻出螺纹底孔。

根据材料性质按公式确定出加工底孔的钻头直径,钻出螺纹底孔。

（3）倒角。

在螺纹底孔的孔口倒角,倒角直径略大于螺纹大径,使丝锥开始切削时易于切入。

（4）用头锥起攻。

起攻时,要将丝锥放正,然后用一手手掌按住铰杠中部沿丝锥轴线施压,另一手配合作顺向旋进,如图2-82所示。或两手握住铰杠两端均匀施压并将丝锥顺向旋进。在丝锥攻入1~2圈后,应不断从前后、左右两个方向观察或用直角尺检查丝锥与孔端面的垂直情况,并不断校正。

（5）自然旋进切削。

当丝锥的切削部分全部进入工件时,则不再施压,而靠丝锥作自然旋进切削。此时两手旋转压力要均匀。在旋进1/2~1圈时,应倒转1/4~1/3圈来碎断切屑。在攻制M5以下或塑性较大的材料与深孔时,每旋进1/4圈就要倒旋。

（6）用二锥续攻。

头攻完成后,取出头锥,用二锥继续攻至标准尺寸。

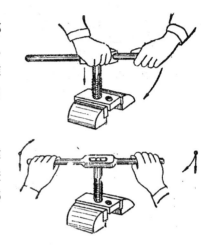

图2-82　头锥起攻方法

（7）攻不通孔。

加工前要在丝锥上做好深度标记并不断退出丝锥,清除孔内碎屑;当不便倒向清屑时,可用小型弯曲管子吹出或用磁性针棒吸出碎屑。

（8）攻制韧性材料的螺孔,注意要加切削液。

2. 套螺纹

1）套螺纹操作的相关知识

（1）板牙。

板牙是加工外螺纹的标准工具,其构造主要由切削部分、校准部分和排屑孔组成。种类有固定圆板牙、可调式圆板牙、活络管子板牙和圆锥管螺纹板牙。

（2）板牙架(铰杠)及应用。

板牙架是装夹板牙的工具,一般分为圆板牙架、可调式板牙架和管子板牙架三种。

使用板牙架时,将板牙装入架内用紧定螺钉紧固后即可使用。可调式板牙装入架内后,旋转调整螺钉使刀刃接近坯料后使用。管子板牙架组装活络板牙时,应注意每组四块上的顺序标记,按板牙架上的标记依次装上后扳动手柄调节切削量进行套螺纹加工。

（3）套螺纹圆杆直径的确定。

套螺纹时因牙尖要受挤压而堆高,故圆杆直径应比螺纹大径小一些。圆杆直径可用下列经验公式计算:

$$D = d - 0.13p$$

式中：D——圆杆直径(mm);

d——螺纹外径(大径)(mm);

p——螺距(mm)。

圆杆直径也可在相应手册上查表得出。

2）套螺纹的操作步骤和方法

（1）装夹。

用V形夹块或厚铜衬作衬垫将圆杆可靠夹紧,如图2-83所示。

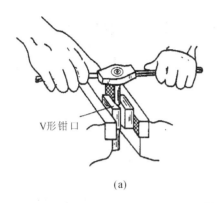

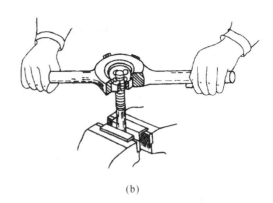

(a)　　　　　　　　　　　　　　　　　　(b)

图 2-83　套螺纹操作

（a）V 形钳口夹紧螺杆套螺纹　（b）铜衬垫夹紧螺杆套螺纹

图 2-84　圆杆倒角

（2）倒角。

将圆杆端部倒成锥半角为 $15°\sim20°$ 的锥体，便于板牙的切入，如图 2-84 所示。

（3）起套。

方法与攻制螺纹一样。在旋转切进时转动要慢，压力要大并保证板牙端面与圆杆轴线的垂直度。在板牙切入圆杆 2～3 牙时，应及时检查其垂直情况并作校正。

（4）正常套螺纹。

正常套螺纹时不要加压，让板牙自然引进并经常倒转断屑。

（5）在钢件上套螺纹。

在钢件上套螺纹时注意要加切削液。一般可用机油或较浓的乳化液。

任务七　锉配

一、锉配基础

锉配主要是样板制作的加工工艺。如图 2-85 所示为角度板锉配。

锉配加工的重点是凹凸件的配合间隙是否符合图样的技术要求。在锉配加工时要掌握配合间隙加工技巧，要用基准件去配作配合件。在制作过程中，要不断地修整、测量、检查直至达到所要求的配合间隙值为止。锉配加工主要是训练工件间的配合间隙的加工技巧，以及工艺工序的合理操作安排。锉配加工一般先加工凸件，然后以凸件为标准去配作凹件。

1. 锉配加工的要求

锉配加工必须已经具备一定的模钳加工技能，能够合理地选配使用的工、量具，合理地安排加工工序以及灵活地根据自身的操作特性采用有效的技巧，从而加工出合格的制件。

（1）合理选配锉刀。

合理选用锉刀对于保证锉削工件质量和锉削效率具有重要影响。锉刀的选用要按工件锉削面的大小、长短确定，工件的锉削面较大，加工余量较大时，宜选用大规格的粗齿锉刀；反之，选用小规格的中齿锉刀。一般如果工件纵面长 50 mm 以上，可选用 300 mm 以上规格

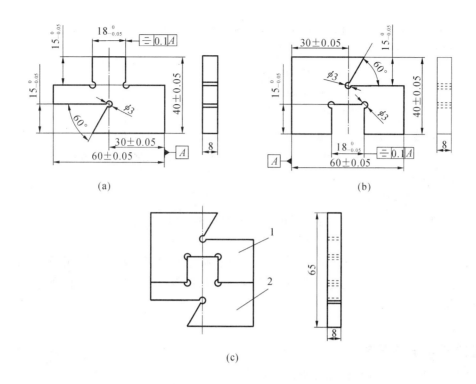

图 2-85　角度板锉配

(a) 件 1　(b) 件 2　(c) 装配图

注:件 1、件 2 配合表面间隙均小于 0.1 mm

锉刀,50 mm 以下的锉削面,可选用 250 mm 或更小规格的锉刀。粗、中齿锉刀一般用于粗加工,精加工必须使用细齿锉刀或什锦锉加工,但粗、细齿锉刀的转换要视工件表面粗糙度的大小而定,如表面粗糙度要求较高,应在余量稍大时就更换细齿锉,否则会使工件表面粗糙度达不到要求。

(2) 加工余量的确定。

加工余量预留量的大小,应根据工件精度要求的高低、表面粗糙度的大小及个人技能水平合理安排确定,一般为 0.5 mm 左右,若尺寸精度高、表面粗糙度小,则加工顺序应为粗加工、半精加工、精加工,这时的精加工余量应为 0.1～0.05 mm。

(3) 一定的计算能力。

锉配时,有时涉及角度运算、辅助测量数据计算等。

(4) 工件精度的测量方法。

锉配工件的精度一般都较高,必须掌握正确的检测方法,再根据检测的数据合理调整加工工艺方法。

(5) 锉配工件的精度要求。

锉配一般是先加工凸件,这是因为外表面比内表面容易加工和检测,因此外形基准面的加工必须达到较高的精度要求,才能保证镶配件锉配精度。

2. 锉配加工方法

(1) 锉配加工基准的确定。

合理的加工工艺基准是保证工件精度的重要依据,选择基准的主要依据是:

① 选用最大最平整的面作为基准;

② 选用已是划线和测量基准的面作为锉配工件的基准；

③ 选用锉削余量较小的平面作为基准；

④ 选用加工面精度最高的面作为锉削基准；

⑤ 选用已经加工好的平面作为锉削基准。

（2）按基准面划加工轮廓线。

锉配的划线主要是作为粗加工锉削时的依据，有了明确的加工界线，粗加工锉削时可以大胆地进行加工，但在半精加工或精加工时，尺寸界线只能作为一个参考线，最终的精度要求是依靠测量来达到的。

（3）锉削步骤的确定。

锉削步骤要根据工件的结构特点进行合理的安排，这样才能加工出合格的工件。

（4）精加工的配合修锉。

精加工是在加工余量非常少的情况下进行的，应选用 250 mm 以下的中平锉或什锦锉加工。在作配合修锉时，可通过光隙法和涂色显点法来确定其修锉的部位和余量，逐步达到配合要求。

【实训操作与思考】

对图 2-85 所示角度板锉配分析如下：

角度板材料厚度为 8 mm，属窄小面锉削，选用中、小型锉刀和整形锉进行粗、精加工，并保证与大平面垂直，这样才能达到配合精度；必须先加工工件外形尺寸至精度要求后，才能划全部加工线，并钻削完各部位工艺孔，再开始其他平面的加工；要保证对称度要求，件 1 凸形面加工时只能先去掉一端的角料，待加工至要求后再去除另一角料，至加工要求，凸形面加工完成后，才能去除 60°角度余料，并进行角度加工。

凹凸锉配时，应按已加工好的凸形面先锉配凹形两侧面，后锉配凹形端面。在锉配时一般不再加工凸形面，否则，会失去精度而无基准，使锉配难以进行。

因采用间接测量达到尺寸要求值，故必须进行正确的换算和测量，才能得到实际所要求的精度。

二、锉配加工训练

锉配加工训练的材料如表 2-8 所示。

表 2-8　实训课题材料

实训项目	名称	坯料规格	材料	单位	数量	备注
1	三方、四方套锉配件	118 mm×72 mm×7 mm	Q235	块		
2	四方、六方镶配件	115 mm×87 mm×10 mm	Q235	块		
3	凹凸件锉后配	85 mm×65 mm×6 mm	Q235	块		

1. 实训工件图

（1）三方、四方套锉配件，如图 2-86（a）、（b）、（c）、（d）所示。

（2）锉配四方、六方镶配件，如图 2-87（a）、（b）、（c）所示。

（3）凹凸件锉后配，如图 2-88 所示。

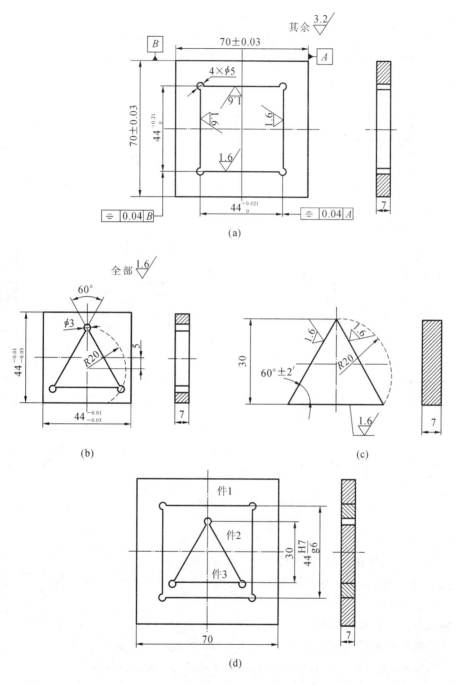

技术要求：1.件1、件2、件3配合间隙不大于0.04 mm。
2.件1、件2、件3间隙配合均达到可转位互换、转面互换。
3.表面整洁，无敲击痕迹。

图 2-86 三方、四方套锉配

（a）件1 （b）件2 （c）件3 （d）装配图

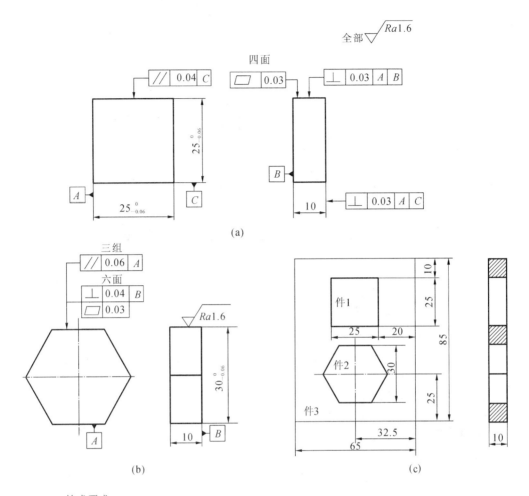

技术要求：
1.件1、件2与件3配合后间隙不大于0.05 mm。
2.配合后能转位互换、转面互换。

图 2-87 四方、六方镶配件
(a)件1 (b)件2 (c)件3

2. 加工步骤

(1) 三方、四方套锉配件加工步骤。

① 先加工外三角形,加工方法如图 2-89 所示。

(a) 划加工轮廓线;

(b) 精加工外三角形底面 1;

(c) 以底面 1 为基准面加工对应面 2 达外三角形高度尺寸要求;

(d) 用锯排料,精加工外三角形两斜面 3、4,以万能角度尺保证角度尺寸。

② 加工外四方,加工方法如图 2-90 所示。

(a) 精加工平面 1;

(b) 以平面 1 为基准精加工平面 2,保证与平面 1 垂直;

(c) 以平面 1、2 为基准,按尺寸 a 划平面 3、4 轮廓线;

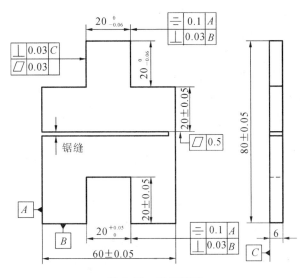

图 2-88　凹凸盲配

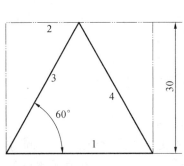

图 2-89　外三角形加工

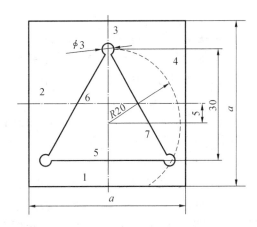

图 2-90　外四方加工

（d）按线加工平面 3、4 到线；

（e）以平面 1、2 为基准，精加工平面 3、4，保证尺寸 a 及垂直度要求；

（f）划线，以平面 1、2 为基准划两互相垂直的中心线，再以中心线为基准划内三角形高度尺寸 30 mm，横向中心线下移 5 mm，与纵向中心线的交点即为内三角形外切圆心，以半径 20 mm 划弧，与三角形高度尺寸的交点即为三角形的三角交点，连线即为内三角形轮廓线；

（g）钻三角点工艺孔，内三角形用钻孔的方法排料；

（h）按线加工内三角形平面 5、6、7 到线；

（i）另按内三角形大小加工一小型半形角度样板；

（j）精加工内三角形平面 5、6，用半形角度样板对合检测，保证角度尺寸，留少量加工余量；

（k）精加工内三角形平面 7，用半形角度样板对合检测，并保证角度尺寸，留少量加工余量；

（l）用加工好的外三角形件 3 与内三角形配作，用光隙法检测。

③加工四方套。

（a）按上述方法精加工四方套外围尺寸；

（b）划内四方加工轮廓线；

（c）在内四方四角点钻工艺孔；

（d）用钻孔、锯削的方法排掉内四方余料；

（e）按上述加工四方套的方法加工内四方。

需说明的是精加工内四方时，同时应加工一个半形直角样板，保证内四方尺寸，并留0.05 mm左右的配作余量，以便最后精加工时与外四方配作。

④ 四方套的加工是按凸件配作加工的。在留少量配作余量时，可用铜棒轻轻敲打进去，再敲打出来，修去过盈的痕迹，最后达到用大拇指就可以将配件按压进去的程度，用光隙法检测光线一致或无光隙才算合格。在这里还要强调的是，配合面加工时一定要与大平面垂直，这样才能保证配合达要求。

（2）四方、六方镶配件加工步骤。

① 加工外四方体（加工方法参照上述加工外四方的步骤）。

② 加工外六方体，如图2-91所示。

（a）划线；

（b）按线用锯排料，留锉削加工余量；

（c）精加工平面1，平面度、垂直度达要求；

（d）以平面1为基准，加工平面2保证六方体高度尺寸H并留$0.1\sim0.05$ mm修整余量；

（e）以平面1为基准，精加工平面3，用万能角度尺保证角度尺寸；

（f）以平面3为基准，加工平面4，留$0.1\sim0.05$ mm修整余量；

（g）用同样方法加工平面5、6；

（h）用半形六角体样板（见图2-92）检测六方体达图样要求。

需说明的是，在加工外六方体的边长尺寸r时，通常情况下，都应留0.02 mm左右的修配余量，以作为在配合件加工时，为防止配合时不能转面互换、转位互换所预留的修整余量。

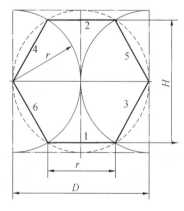

图 2-91　外六方体的加工

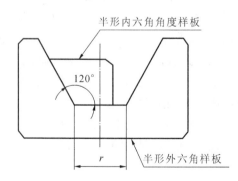

图 2-92　半形角度样板

③ 加工件3，内四方、六方体。

（a）精加工件3的外长方体（参照上述加工四方体方法）；

(b) 划线;

(c) 钻孔排料(内四方、六方孔同时进行);

(d) 按线加工,留线;

(e) 精加工平面1,如图2-93所示;

(f) 以平面1为基准,精加工平面2,可以加工一个90°尺寸作为内四方角度检测工具;

(g) 以平面1为基准,加工平面3,保证内四方边长尺寸,注意应留配作修整余量0.02~0.01 mm,即有修配的过盈量,下同;

(h) 以平面2为基准,精加工平面4,保证其边长尺寸;

(i) 精加工平面5;

(j) 以平面5为基准,精加工平面6,用半形内角样板检测内六方角度(见图2-93);

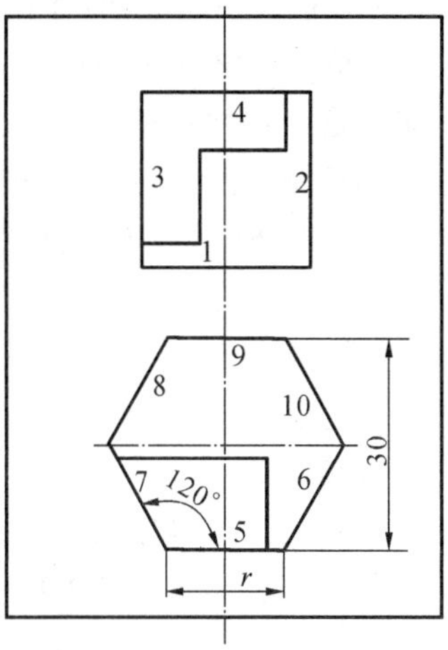

图2-93 件3的加工

(k) 以平面5、6为基准,精加工平面7,保证角度和边长尺寸r,留修整余量;

(l) 以平面6、7为基准,精加工平面8、9、10,用半形样板检测,保证角度和边长尺寸;

(m) 按以上步骤加工完内四方、六方后,将外四方、外六方体与件3配作修整,然后再装进件3内四方、六方孔内,作光隙检测,并看能否转位互换、转面互换。如有问题,找出原因加以修整,最后达到配合要求。

配作有时会出现不能达到互换要求的情况,这时不要急于进行修整,应回过头来,再按前面加工的步骤用相应的样板比对检测,发现误差后再进行必要的修整。

需说明的是,四方、六方镶配件的加工,应作好角度和半形样板的检测外,重要的是加工基准的选择,确定了加工基准,且已经精加工好了,一定不可再去动它了,否则将严重影响配合要求,且会造成配合件无法互换的现象。

(3) 凹凸件锉后配加工步骤。

① 按图样要求锉削好外廓基准面,达到尺寸(60 ± 0.05)mm、(80 ± 0.05)mm及垂直度和平行度要求。

② 按要求划出凹凸形体加工线,并钻工艺孔$4\times\phi3$ mm。

③ 加工凸形面。

(a) 按划线锯去垂直一角,粗、细锉两垂直面。根据80 mm处实际尺寸,控制60 mm的尺寸误差值(本处应控制在80 mm处的实际尺寸减去20 mm的范围内),从而保证达到20 mm的尺寸要求。同样根据60 mm处的实际尺寸,控制40 mm的尺寸误差值(本处应控制在$1/2\times60$ mm处的实际尺寸加10 mm的范围内),从而保证在取得尺寸20 mm同时,又能保证其对称度在0.1 mm内;

(b) 按划线锯去另一直角,方法同上,直接测量;

(c) 加工90°垂直角,按划线去除余料,锉削达到图纸要求。

④ 加工凹形面。

(a) 先钻排孔,并锯凹形面多余部分,后粗锉至接触线条;

(b) 细锉凹形顶端面,根据80 mm处的实际尺寸,控制60 mm的尺寸误差值(本处与凸形面的两垂直面一样控制尺寸),从而保证达到与凸形件端面的配合精度要求;

(c) 细锉两侧垂直面,保证其对称度精度在 0.01 mm 内;

(d) 精锉修整各面,即用件 1 认向配锉,先用透光法检查接触部位,进行修锉。当件 1 塞入后采用透光和涂色相结合的方法检查接触部位,然后逐步修锉达到配合要求。最后作转位互换的修整,达到转位互换的要求,并用手将件 1 推出、推进无阻滞;

(e) 加工 90°垂直角,按划线去除余料,锉削达到配合要求。

⑤ 全部锐边倒角,并检查全部尺寸精度。

⑥ 锯割,要求达到尺寸 20 mm,锯面平面度 0.5 mm,不能锯下,留有 3 mm 不锯,最后修去锯口毛刺。

3. 成绩评定

(1) 三方、四方套锉配件成绩评定表见表 2-9。

表 2-9　三方、四方套锉配件练习记录与成绩评定表

项次	零件号	项目与技术要求/mm	单项配分	评定方法	实测记录
1	1	图样尺寸 70 ± 0.03(2 处)	8		
2	2	图样尺寸 $44_{-0.03}^{0}$(2 处)	8		
3	3	三角形 60°角度正确	6		
4	1、2	配合间隙不大于 0.04(4 处)	6		
5	2、3	配合间隙不大于 0.04(3 处)	6		
6	1	对称度不超过 0.04(2 处)	5		
7	1、2、3	能达到转面互换、转位互换	5		
8		安全文明生产	扣分		

(2) 四方、六方镶配件成绩评定表见表 2-10。

表 2-10　四方、六方镶配件练习记录与成绩评定表

项次	零件号	项目与技术要求/mm	单项配分	评定方法	实测记录
1	1	图样尺寸 $25_{-0.06}^{0}$(2 处)	6		
2	1	平面度、平行度、垂直度达要求	3		
3	2	图样尺寸 $30_{-0.06}^{0}$(3 处)	6		
4	2	平面度、平行度、垂直度达要求	3		
5	3	图样尺寸、中心距尺寸达要求	5		
6	1、3	配合间隙不大于 0.05(4 处)	3		
7	2、3	配合间隙不大于 0.05(6 处)	3		
8	1、2、3	能达到转面互换、转位互换	3		
9	1、2、3	表面粗糙度达图样要求	4		
10		安全文明生产	扣分		

（3）凹凸件锉后配成绩评定表见表 2-11。

表 2-11　凹凸盲配练习记录与成绩评定表

项次	项目与技术要求/mm	配分	评定方法	实测记录	得分
1	$60\pm0.05,80\pm0.05$ $20\pm0.05(2$ 处$)$	30	超差全扣		
2	$20_0^{+0.05}$	10	超差全扣		
3	$20_{-0.06}^{0}(2$ 处$)$	20	超差全扣		
4	平面度 0.03	10	超差全扣		
5	平面度 0.5	5	超差全扣		
6	垂直度 0.03	10	超差全扣		
	对称度 0.1	5	超差全扣		
	遵守纪律与安全实习	10	违者每次扣 2 分		

任务八　刮削和研磨

一、刮削

1. 刮削的特点及应用

用刮刀在已加工的工件表面刮除一层极薄的金属的操作叫做刮削。

（1）刮削的特点。

刮削具有加工方便、切削量小、切削力小、产生热量小、工件变形小、表面精度高、组织紧密、表面有润滑存油凹坑等特点。

（2）刮削的应用。

刮削一般用于要求具有较高形位精度和尺寸精度零件的加工；用于要求有良好配合的互配件的加工；用于获得良好的机械装配精度和零件要求有美观表面的加工。

2. 刮削工具

（1）刮刀。

刮刀是刮削的主要工具。一般采用碳素工具钢 T10A、T12A 或弹性较好的 GCr15 滚动轴承钢锻制而成。根据刮削表面的不同形状可分为平面刮刀和曲面刮刀两大类。平面刮刀采用负前角刮削，曲面刮刀则采用正前角刮削。

① 平面刮刀，用于刮削平面与外曲面，分为普通刮刀和活头刮刀两种，如图 2-94 所示。按所刮表面精度的不同，平面刮刀又分为粗刮刀、细刮刀和精刮刀三种。

② 曲面刮刀，用于刮削内曲面。常用的有三角刮刀、蛇头刮刀和柳叶刮刀等，如图 2-95 所示。

（2）校正工具。

校正工具是用来磨合研点和检验刮削表面精度的工具，也称为刮削研具。常用的有标准平板、校准直尺和角度直尺。

3. 平面刮刀的刃磨

（1）粗磨操作。

先刃磨刮刀的两平面。左手握住刀柄，右手捏住刮刀前端约 80 mm 处的两侧，分别将

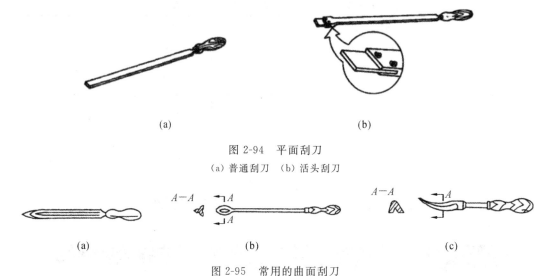

(a)   (b)

图 2-94　平面刮刀

(a) 普通刮刀　(b) 活头刮刀

(a)   (b)   (c)

图 2-95　常用的曲面刮刀

(a) 三角刮刀　(b) 蛇头刮刀　(c) 柳叶刮刀

刮刀两平面贴在砂轮侧面上。开始时应先接触砂轮边缘,再慢慢平放至侧面上,不断前后移动进行刃磨至两平面平整,在刮刀全宽上目测无显著的厚薄差别。然后粗磨顶端面。将刮刀的顶端面放在砂轮轮缘上平稳地左右移动刃磨。为了防止刮刀弹抖,当接近砂轮时刮刀应略高于砂轮水平中心线并使其先以一定的倾斜度与砂轮接触,再逐步转动至水平。

（2）精磨操作。

精磨在油石上进行。操作时,在油石上加适量机油,先磨两平面（见图 2-96（a））至其平整、表面光洁,然后精磨端面（见图 2-96（b））。刃磨时左手扶住刀柄,右手紧握刀身使刮刀直立在油石上,略带前倾地前后推移（前倾角度依刮刀不同的 β 角而定）,拉回时刀身略提起以免磨损刀口。如此反复刃磨至刀头形状、角度符合要求,刃口锋利为止。

初学者刃磨时可将刮刀上部靠在肩上,两手握刀身向后拉动来磨锐刃口,向前时则将刮刀提起（见图 2-96（c））。此方法刃磨速度较慢,但容易掌握,熟练后即可采用前述磨法。

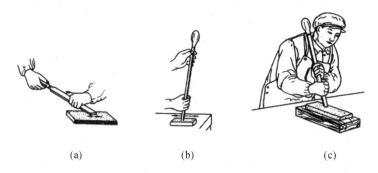

(a)   (b)   (c)

图 2-96　刮刀在油石上精磨

4. 平面和曲面的刮削余量

刮削余量的多少与工件表面积的大小、表面加工精度的高低有直接关系。机械加工所留下的平面与曲面刮削余量分别见表 2-12、表 2-13。

表 2-12　平面刮削余量

（mm）

平面宽度	平面长度				
	100～500	500～1000	1000～2000	2000～4000	4000～6000
≤100	0.1	0.15	0.20	0.25	0.30
100～500	0.15	0.20	0.25	0.30	0.40

表 2-13　曲面刮削余量

（mm）

孔　径	曲面或孔长度		
	≤100	100～200	200～300
≤80	0.05	0.08	0.12
80～180	0.10	0.15	0.25
180～360	0.15	0.25	0.35

5. 显示剂与显示方法

在需要刮削的工件表面和校准工具之间涂上一层有颜色的涂料，用来显示工件表面高点的位置与大小，这种涂料称为显示剂。

1）显示剂的种类与应用

① 红丹粉，分为铁丹和铅丹两种，颗粒极细，使用时用机油调合而成，特点是无反光，显点清晰。广泛用于钢和铸铁件的刮削显点。

② 蓝油，由普鲁士蓝粉和蓖麻油及适量机油调合而成，呈深蓝色，研点小而清晰。多用于精密工件和有色金属及合金工件的刮削显点。

其他还有松节油、烟墨油、油墨等显示剂。

2）显示剂的使用方法

显示剂一般涂在工件表面上，其显示形态为红底黑点。显示剂调合时粗刮可调得稀些，精刮应适当稠些且涂在工件表面上要薄而均匀，使显点细小，便于提高刮削精度。

3）显点方法及要点

显点应根据刮削质量、工件形状和刮削面积的大小分别进行。

（1）中、小型工件的显点。

基准平板固定不动，工件刮削面在平板上推磨研点。推磨时压力要均匀并不断变换方向。若工件长度等于或稍大于平板时，推磨工件超出平板部分不得大于工件本身长度的 1/4。

（2）大型工件的显点。

平板在工件刮削面上推磨，采用水平仪检验与显点相结合来判断刮削误差。通过水平仪测出工件的高低不平状况，刮削仍按显点进行。

（3）重量不对称工件的显点。

根据重量不对称情况在工件的相应部位采取下托或上压方法，使其平稳后再进行推磨研点。研点时压力大小要适中、均匀。若两次显点有矛盾则说明压力不适当，应分析原因并及时纠正。

6. 刮削精度检验方法

刮削精度一般包括:形状和位置精度、尺寸精度、接触精度、表面粗糙度等。常用的检查方法有以下几种。

(1) 用单位面积上研点的数目检查刮削精度。

方法是用 25 mm×25 mm 的正方形方框罩在被检查面上,根据方框内的研点数目的多少来确定精度。检查时应随机检查并多检查几个位置。各种平面接触精度的研点数见表 2-14。

表 2-14 各种平面接触精度的研点数

平面种类	每 25 mm×25 mm 范围内的研点数	应用举例
一般平面	2~5	较粗糙机件的固定结合面
	5~8	一般结合面
	8~12	机器台面、一般基准面、机床导向面、密封结合面
	12~16	机床导轨及导向面、工具基准面、量具接触面
精密平面	16~20	精密机床导轨、直尺
	20~25	1 级平板、精密量具
超精密平面	>25	0 级平板、高精度机床导轨、精密量具

曲面刮削中常见的是对滑动轴承内孔的刮削,其中各种不同接触精度的研点数见表 2-15。

表 2-15 滑动轴承的研点数

轴承直径/mm	机床或精密机械主轴轴承			锻压设备、通用机械的轴承		动力机械、冶金设备的轴承	
	高精度	精密	普通	重要	普通	重要	普通
	每 25 mm×25 mm 范围内的研点数						
≤120	25	20	16	12	8	8	5
>120		16	10	8	6	6	2

(2) 用水平仪检查刮削精度。

当技术图纸上以平面度公差和直线度公差来表示工件平面的平面度误差及机床导轨的直线度误差的允许值时,则用水平仪进行检查。

7. 刮削操作方法

1) 平面刮削方法

平面刮削的方法有挺刮法和手刮法两种。

(1) 挺刮法。

将刮刀刀柄顶在小腹右下侧,双手握在刮刀前部距刀刃约 80 mm 处,左手在前,右手在后。刮削时刀刃对准研点,左手下压,利用腿部和臀部力量将刮刀向前推挤,在推动后的瞬间迅速用双手将刮刀提起,完成一次挺刮动作,如图 2-97 所示。

(2) 手刮法。

右手握住刮刀刀柄,左手握住刮刀前部距刀刃约 50 mm 处。刮削时,左脚跨前一步,上身随着推刮向前倾斜,以增加左手压力,同时便于看清刮刀前面的研点。右臂利用上身摆动向前推进,左手同时下压。当推刮掉一个研点后左手迅速将刮刀提起,完成一个手刮动作。手刮法的推压和提刀动作,都是依靠手臂的力量完成的,如图 2-98 所示。

图 2-97 挺括法

图 2-98 手刮法

2)平面刮削的操作步骤

刮削通常可分为粗刮、细刮、精刮和刮花四个步骤进行。

(1)粗刮。

工件经过加工后当其表面有明显的机加工刀痕、锈蚀或刮削余量较大(>0.05 mm)时,需要进行粗刮。

粗刮时采用连续推铲方法,刀迹要宽且连成一片,不可重复,整个刮削平面要均匀地刮削。当刮削到每 25 mm×25 mm 范围内有 4~8 点时,粗刮结束,转入细刮。

(2)细刮。

细刮的目的是刮去粗刮后的高点,进一步改善不平现象。

细刮时使用的刮刀端部略带弧形,刀刃两侧不允许有尖角。刮削时采用短刮法,刀迹长度约为刀刃的宽度。每按一定方向刮削一遍后再交叉刮削一遍,以消除原刀迹。刮削过程中要防止刮刀倾斜而刮伤刮削面。刮削时对发亮的高研点要刮重些,亮点周围暗淡的研点则刮轻些。在整个刮削面上每 25 mm×25 mm 范围内出现 8~16 个点时,细刮结束。

(3)精刮。

在细刮的基础上进一步增加刮削表面的研点数量则必须进行精刮。

精刮时,用精刮刀采用点刮法刮削。刀迹要小,落刀要轻,提刀要快,每个研点上只刮一刀,不能重复。最大最亮的研点全部刮掉,中等研点在中间刮去一片,小研点留下不刮。在刮削接近完成时,应使交叉刀迹大小一致,排列尽量整齐,以增加刮削面的美观程度。经反复多次刮削后,在 25 mm×25 mm 范围内有 20~25 个或更多的研点时精刮结束。

(4)刮花。

刮花是在刮削面上用刮刀刮出各种装饰性花纹,一是为刮削面的美观,二是能在滑动件之间造成良好的润滑条件,同时还可以根据花纹的消失情况来判断平面的磨损程度。但在接触精度要求高、研点要求多的工件上,不能刮出大块花纹,否则会降低刮削精度。一般常见的花纹有以下几种。

① 斜纹花纹。如图 2-99(a)所示,刮削时用精刮刀与工件棱边成 45°角方向刮削,每刀刮成一个小方块,间断一个方块的距离再刮下一个。始终按 45°角方向交叉刮削。为排列整齐可用软铅笔画成格子进行。

② 鱼鳞花纹。如图 2-99(d)所示,先用刮刀的一边(左右边均可)与工件接触,再用左手把刮刀逐渐压平并同时向前推进。在左手下压的同时把刮刀有规律地扭动一下,扭动结束即推动结束,立即起刀,则完成了一个花纹的刮削。如此连续有规律地刮削就能刮出如图 2-99(b)所示的鱼鳞花纹。

③ 半月花纹。刮削时,刮刀与工件成 45°角,刮刀除了推挤外,还要靠手腕的力量扭动。以图 2-99(c)中一段半月花纹 edc 为例,刮前半段 ed 时,刮刀从左向右推挤,而后半段 dc 靠手腕的扭动来完成。连续刮下去就能刮出 f 到 a 一行整齐的花纹。刮 j 到 k 一行则相反,前半段从右向左推挤,后半段靠手腕发力从左向右扭动。

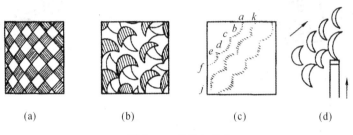

(a) (b) (c) (d)

图 2-99　刮花与花纹

3) 曲面刮削方法

曲面刮削的原理和平面刮削一样,但刮削方法与刮削时的角度与平面刮削有所不同。

(1) 内曲面刮削姿势。

内曲面刮削姿势一般有两种。一种如图 2-100(a)所示,右手握刀柄,左手掌朝下四指钩握住刀身,拇指抵住刀身侧面。刮削时右手作半圆运动,左手顺着刮削曲面的方向作前推或后拉的螺旋运动,刀迹与曲面轴线约成 45°夹角且交叉进行。

另一种姿势如图 2-100(b)所示。将刀柄搁在右手臂上,双手握住刀身,刮削时两手动作与第一种姿势相同。

(2) 外曲面刮削姿势。

如图 2-101 所示,两手捏住平面刮刀的刀身,用右手掌握方向,左手加压或提起,刮刀搁在右手小臂上。刮削时刮刀的刀面与滑动轴承端面约为 30°夹角,也应交叉刮削。

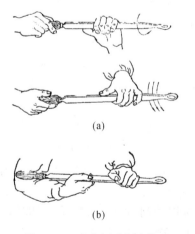

(a)

(b)

图 2-100　内曲面刮削姿势　　　　图 2-101　外曲面刮削姿势

（3）对研方法。

曲面刮削是用曲面刮刀在曲面内作螺旋运动，以标准轴或与其相配合使用的工件轴作为研点的工具。故对研时将显示剂涂在曲面上或轴上，用轴在曲面上旋转研出研点，然后根据研点分布情况进行刮削。

（4）刮削要点。

刮削时用力不可太大，避免因发生抖动而产生振痕。每刮一遍之后，下一遍刀迹应交叉进行且与孔中心线约成 $45°$ 角。

二、研磨

用研磨工具和研磨剂从工件表面研去一层极薄的金属的精密加工称为研磨。研磨有手工研磨和机械研磨两种形式。本节主要介绍手工研磨的操作方法。

1. 研磨原理及特点

（1）研磨原理。

研磨加工的基本原理是磨料在外力作用下，通过研具对工件进行微量切削。它包含有机械加工作用（物理作用）和化学作用。

研磨时，部分磨料嵌入较软的研具表面上，部分磨料则悬浮于工件与研具之间，形成半固定或浮动的多刃基体，利用工件对研具的相对运动并在一定压力下，磨料就对工件表面进行细致切削，挤压切除微量金属（物理作用）。同时由于研磨剂中的化学成分，研磨时在工件表面会形成一层氧化膜，该氧化膜在研磨过程中不断被磨掉又迅速形成。如此既加快了研磨进程又为获得较低的表面粗糙度值提供了条件（化学作用）。

（2）研磨加工特点。

① 能得到较小的表面粗糙度值。经过研磨加工后的表面粗糙度 Ra 为 $0.1 \sim 0.6\ \mu m$，最小可达 $0.012\ \mu m$。

② 能达到精确的尺寸。研磨加工后的尺寸精度可达到 $0.001 \sim 0.005\ mm$。

③ 能提高工件的形位精度。研磨加工后工件的形位误差可控制在 $0.005\ mm$ 内。

④ 能延长零件的使用寿命。研磨过的零件其耐磨性、抗腐蚀性和疲劳强度都得到了改善和提高，从而延长了零件的使用寿命。

（3）研磨余量。

由于研磨是微量切削，一般每研磨一遍所磨掉的金属层厚度不超过 $0.002\ mm$，因此研磨余量不能太大。通常研磨余量在 $0.005 \sim 0.03\ mm$ 范围内。有时研磨余量就留在工件的公差范围内。

2. 研磨工具（研具）

（1）研具材料。

研具材料的组织要均匀，且研具表面的材料硬度比工件要稍低，但不可太软，否则磨料会全部嵌入研具而失去研磨作用。另外研具应容易加工，使用寿命长且变形要小。常用研具的材料有以下几种。

① 灰铸铁。灰铸铁是一种研磨效果较好且容易制造的研具材料，具有润滑性能好、耐磨性高、硬度适中、研磨效率高等优点，得到广泛的应用。

② 球墨铸铁。球墨铸铁比一般灰铸铁更容易嵌存磨料且嵌得均匀牢固。由于其强度高并能增加研具的使用寿命，故应用极广泛。

③ 低碳钢。低碳钢韧性较好,不易折断,常用来制成各种小型的研具。

④ 铜合金。铜合金材料质地较软,容易被磨料嵌入,适宜制作成粗研磨或软钢件研磨的各种研具。

(2)研具种类。

① 平面研具。平面研具有板形和条形两种形式,主要用来研磨形状为平面的工件。也可对外圆柱或外圆锥形工件进行抛光加工,如图 2-102 所示。

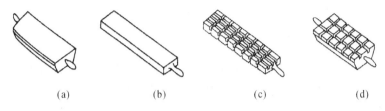

(a)   (b)   (c)   (d)

图 2-102   平面研具

(a)板形研具   (b)条形研具   (c)带沟槽的条形研具   (d)带角度的条形研具

② 外圆柱面研具。此类研具一般是用研套对工件外圆柱面进行研磨。研套的内径比工件的外径大 0.025～0.05 mm。它又分为整体式(固定式)和可调式两种,如图 2-103 所示。

整体式研具由于没有调整量,磨损后无法补偿,故常用于单件或小批量生产。可调式研具可在一定范围内调节尺寸,故适用于研磨成批生产的工件。

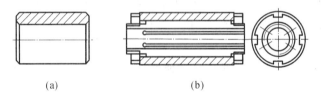

(a)   (b)

图 2-103   外圆柱面研具

(a)整体式   (b)可调式

③ 内圆柱面研具。与外圆柱面研磨相反,内圆柱面研磨是将工件套在研磨棒上进行的。研磨棒的外径应比工件内径小 0.01～0.025 mm,其形式也有整体式和可调式两种,如图 2-104 所示。

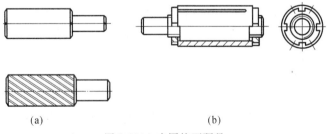

(a)   (b)

图 2-104   内圆柱面研具

(a)整体式   (b)可调式

④ 圆锥面研具。圆锥面研具用于研磨工件的内外圆锥面。其结构有整体式和可调式两种。

3. 研磨剂

研磨剂是由磨料和研磨液调合而成的混合剂。

（1）常用磨料种类。

磨料在研磨中起切削作用。常用的磨料有氧化物磨料（刚玉类）、碳化物磨料和金刚石磨料三类。

（2）磨料的粒度。

磨料的粗细用粒度表示，粒度则按磨料颗粒尺寸分号。磨粉类表示为 F4、F5、…、F1200，号数由小到大表示磨料由粗到细。微粉类表示为 W5、W7、…、W63，号数由小到大表示磨料由细到粗。常用磨料粒度号见表 2-16。

表 2-16　常用磨料粒度号

组别	粒度号	磨料颗粒尺寸/μm	能达到的表面粗糙度/μm	磨料应用
磨粉	F100	150～125	1.6	一般工件的粗研磨
	F120	125～106		
	F150	106～90	1.6～0.2	
	F180	90～75		
	F220	75～63		一般工件的半精研磨
微粉	W63	63～50		
	W50	50～40		
	W40	50～28		
	W28	28～20	0.63～0.32	一般工件的精研磨
	W20	20～14	0.32～0.16	
	W14	14～10		
	W10	10～7	0.16～0.08	精密工件的研磨
	W7	7～5		
	W5	5～3.5	0.08～0.04	

（3）研磨液。

研磨液在研磨加工中起调合磨料、冷却和润滑作用。常用的研磨液有煤油、汽油、L-AN全损耗系统用油、工业用甘油、低黏度机械油、透平油等。常用研磨液及其在研磨中的应用见表 2-17。

表 2-17　常用研磨液

名　　称	在研磨中所起的作用
煤油	煤油在研磨中润滑性能好，能粘吸研磨剂
汽油	稀释性能好，能使研磨剂均匀地吸附在平板及研磨工具上
L-AN全损耗系统用油	润滑性能好，黏附性能好
硬脂酸、石蜡、脂肪酸	能使工件与平板或研磨工件之间产生一层极薄、较硬的润滑油膜

4. 研磨方法与注意事项

1）手工研磨方法

手工研磨用于单件小批量研磨，其研磨运动轨迹一般有直线、摆动式直线、螺旋线、8字形和仿8字形等几种形式，如图2-105所示。

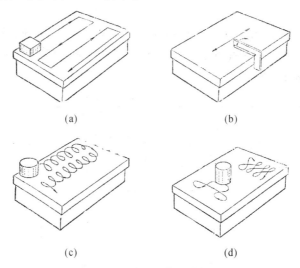

图2-105　手工研磨运动轨迹

（a）直线运动轨迹　（b）摆动式直线轨迹　（c）螺旋线运动轨迹　（d）8字形和仿8字形运动轨迹

（1）往复式直线研磨运动轨迹。

这种研磨运动轨迹由于直线容易重叠，使工件难以得到很小的表面粗糙度值，但可获得较高的几何精度。一般适用于有台阶的狭长平面的研磨。

（2）摆动式直线研磨运动轨迹。

对于主要要求控制平面度误差的量具表面的研磨，常采用摆动式直线研磨运动轨迹，即在左右摆动的同时作直线往复移动。

（3）螺旋线研磨运动轨迹。

在研磨圆片平面或圆柱形工件的端面时，一般采用螺旋线研磨运动轨迹，能获得较小的表面粗糙度值和较小的平面度误差。

（4）8字形或仿8字形研磨运动轨迹。

对于小平面的研磨，常采用8字形或仿8字形研磨运动轨迹，它能使相互研磨的面保持均匀接触，既有利于提高工件的研磨质量，又可使研具保持均匀的磨损。

2）研磨注意事项

研磨的质量、效率除与研磨剂的选用及研磨方法有关外，还应注意以下几点。

（1）研磨的压力和速度。

对面积较小的硬材质工件或粗研磨时，可用较大的压力、较低的速度进行研磨；对面积较大而材质较软的工件或精研磨时，应使用较小的压力、较快的速度进行研磨。

在研磨中若工件发热，应停止操作，待工件冷却后再进行研磨。

（2）研磨的清洁工作。

研磨前要清洁表面；研磨过程中要防止杂质颗粒进入研磨平面；研磨后应及时将工件清洗干净并涂油防锈。研磨中不注意清洁工作，轻则工件表面拉毛，影响研磨质量，严重的会划出深痕而造成废品。

任务九　装配与拆卸

一、装配基本知识

1. 装配工艺基础

1）装配的概念

机械产品由许多零件和部件组成,而零件是组成机械产品的基本元件。机械产品中由若干个零件组成的、具有相对独立性,能完成一定完整功能的部分称为部件。如机床中的尾座、主轴箱等。部件中由若干个零件组成的、在结构与装拆上有一定独立性但不具有完整功能的部分称为组件。如尾座部件中的螺杆组件、套筒组件等。对于复杂的机械产品,组件还可细分为分组件。

按规定的技术要求,把若干零件组装成部件或将若干个零件和部件组装成产品的过程叫装配。因此,装配又分为组件装配、部件装配及总装配,但不论何种形式的装配,其装配步骤及工作内容基本上是相同的。

产品的结构越复杂、精度及其他技术要求越高,则装配工艺过程越复杂,装配工作量也越大。装配是机械产品制造过程中的一个重要环节,产品的各项技术要求均需在零件加工合格的基础上通过正确的装配工艺(如修刮、选配、检测及调整等)才能达到。因此,研究和发展装配技术,提高装配质量和装配效率是机械制造工艺的一项重要任务。

2）装配精度

机械产品的装配精度是指通过装配后实际达到的精度。装配的精度要求不仅影响产品质量,而且关系到产品制造的经济性,它是确定零件制造精度和制订装配工艺的主要依据。装配精度一般可根据国家标准、部颁标准或其他资料予以确定。当研制新产品时,由于缺乏有关资料,可根据用户的使用要求并参考现有产品的实际数据,用类比法确定。必要时,还需进行分析计算和试验验证才能最终确定。产品的装配精度主要内容有:

(1) 尺寸精度。

尺寸精度是指相关零部件间的距离尺寸精度。如车床主轴锥孔轴线和尾座顶尖套锥孔轴线对床身导轨的不等高要求。

(2) 相互位置精度。

装配中的相互位置精度包括相关零部件间的平行度、垂直度、同轴度及各种跳动等。如车床主轴锥孔轴线的径向跳动,卧式万能铣床主轴回转轴线对工作台面的平行度。

(3) 相对运动精度。

相对运动精度是产品中有相对运动的零部件间在运动方向和相对速度上的精度。前者多表现为零部件间相对运动时的平行度和垂直度,如车床溜板移动相对主轴轴线的平行度要求;后者即为传动精度,是指有传动比要求的相对运动精度,如在滚齿机上加工齿轮时,滚刀与工件的相对运动精度,以及车床上车削螺纹时主轴的回转与刀架上车刀移动的相对运动精度。

(4) 配合表面间的配合精度和接触精度。

配合精度是指配合表面间达到规定的配合间隙或过盈的程度。它直接影响到配合的性质,如轴与轴承的配合间隙及转轮与转轴的过盈值等。

接触精度通常由配合表面间的接触面积的大小及接触点的分布情况来衡量。它主要影

响相配零件的接触变形,从而也影响到配合性质的稳定性。如机床导轨接触面的接触斑点数,一般规定每 25 mm×25 mm 面积上应有 10~20 点。

3）装配精度与零件精度间的关系

机器设备及其部件最终都是由零件装配而成的,因此装配精度直接受到零件特别是关键零件加工精度的影响。例如,普通车床尾座移动对溜板移动的平行度,就主要取决于床身导轨 A 与 B 的平行度,车床主轴锥孔轴线和尾座顶尖套锥孔轴线对溜板移动的等高度(A_0）即取决于床头箱、底板及尾座的 A_1、A_2 及 A_3 的尺寸精度,如图 2-106 所示。

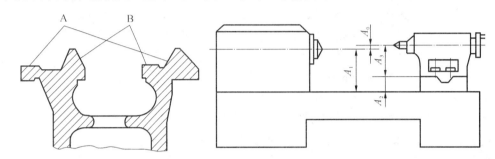

图 2-106　车床尾座对溜板移动的平行度

A—溜板移动导轨；B—尾座移动导轨

然而,装配精度并不完全取决于零件的加工精度,装配中还可采用检测、调整及修配等方法来实现产品装配的精度要求。例如,上述车床尾座移动对溜板移动的平行度要求,虽然主要取决于床身导轨的加工精度,但也与溜板、尾座底板和床身导轨间的接触精度有关,装配中可对溜板及尾座底板进行配刮或配研来提高接触精度。

实际上,对于高精度产品是不能单靠提高零件的加工精度来保证装配精度要求的,这不仅不经济,而且在技术上也是有困难的。图 2-106 中两轴线的等高度要求,由于其等高度允差 A_0 尺寸受到 A_1、A_2 和 A_3 尺寸的共同影响,其中尺寸 A_1 和 A_3 又由床头箱体、轴承、主轴及尾座体、尾座顶尖套等多个零件所确定。因此如果要求尺寸 A_0 的精度很高,则必须对这些有关零件的尺寸提出很高的加工要求。这必然会给加工带来困难。在这种情况下,往往按加工的经济精度来加工零件,并在装配中通过检测对尾座底板进行配研,这同样可保证其很高的装配精度。

综上可知,零件的加工精度是保证装配精度的基础,但产品的装配精度并不完全依赖于零件的加工精度,它还可以通过合理的产品结构设计和正确的装配工艺方法来达到。

2. 装配工作的内容

装配是产品制造的最后阶段,装配过程是根据装配精度要求,按一定的施工顺序,通过一系列的装配工作来保证产品质量的复杂过程。高质量的零件,如果装配不当,同样会出现质量差甚至不合格的产品。因此,必须十分重视产品的装配工作。

一般装配工艺主要有以下要求：

① 做好零部件装配前的准备工作。要研究和熟悉机械设备及各部件总成装配图和有关技术文件资料；了解机械设备及零部件的结构特点,各零部件的作用,各零部件的相互连接关系及其连接方式,对于那些有配合要求、运动精度较高或有其他特殊技术条件的零部件,尤应引起特别重视；根据零部件结构特点和技术要求,确定合适的装配工艺、方法和程序；准备好必备的工、量、夹具及材料；按清单清理检测各待装零部件尺寸精度与制造或修复质量,核查技术要求,凡有不合格者一律不得装配；零部件装配前必须进行清洗,对于经过钻

孔、铰削、镗削等机械加工零件,要将金属屑末清除干净;润滑油道要用高压空气或高压油吹洗干净;有相对运动的配合表面要保持清洁,以免因脏物或尘粒等杂质侵入其间而加速配合表面的磨损。

② 对于过渡配合和过盈配合零件的装配,如滚动轴承的内、外圈等,必须采用相应的铜棒、铜套等专门工具和工艺措施进行手工装配,或按技术条件借助设备进行加温加压装配。如遇有装配困难的情况,应先分析原因,排除故障,提出有效的改进方法,再继续装配,不可乱敲乱打强行装配。

③ 对油封件必须使用芯棒压入,对配合表面要经过仔细检查和擦净,如有毛刺应经修整后方可装配;螺柱连接按规定的扭矩值分次序均匀紧固;螺母紧固后,螺柱的露出螺牙不少于两个且应等高。

④ 凡是摩擦表面,装配前均应涂上适量的润滑油,如轴颈、轴承、轴套、活塞销和缸壁等。各部件的密封垫(纸板、石棉、钢皮、软木垫等)应统一按规格制作。自行制作时,应细心加工,切勿让密封垫覆盖润滑油、水和空气通道。机械设备中的各种密封管道和部件,装配后不得有渗漏现象。

⑤ 过盈配合件装配时,应先涂润滑脂,以利于装配和减少配合表面的初磨损。另外,装配时应根据零件拆卸下来时做的各种装配记号进行装配,以防装配出错而影响装配进度。

⑥ 对某些有装配技术要求的零部件,如装配间隙、过盈量、灵活度、啮合印痕等,应边装配边检查,并随时进行调整,以避免装配后返工。

⑦ 装配前,要对有平衡要求的旋转件按要求进行静平衡或动平衡试验,合格后才能装配。这是因为某些旋转件如带轮、飞轮、风扇叶轮、磨床主轴等新配件或修理件,可能会由于金属组织密度不匀、加工误差、本身形状不对称等原因,使零部件的重心与旋转轴线不重合,在高速旋转时,会因此产生很大的离心力,引起机械设备的振动,加速零件的磨损。

⑧ 第一个零部件装配完毕,必须严格仔细地检查和清理,防止有遗漏或错装的零件,特别是工作环境要求固定装配的零部件。严防将工具、多余零件及杂物留存在箱体之中,确信无疑后,再进行手动或低速试运行,以防机械设备运转时引起意外事故。

二、常用连接方式的装配

1. 典型机构零件连接装配

连接是装配过程中一项工作量很大的工作。连接方式有可拆卸连接和不可拆卸连接两大类。

可拆卸连接的特点是相互连接的零件拆卸时不损坏任何零件,且拆卸后还能重新装配。常见的可拆卸连接有螺纹连接、键连接和销钉连接等,其中以螺纹连接应用最广。不可拆卸连接的特点是被连接件在使用过程中不拆卸,若要拆卸则必须损坏某些零件。常见的不可拆卸连接有焊接、铆接、胶接和过盈连接等,其中过盈连接常用于轴和孔的配合。过盈连接常用的装配方法有压入配合法及热胀冷缩法。前者是在常温下沿轴向加压配合,实际过盈量有所减少,常用于一般机械中;后者是将配合件中的孔与轴分别加热和冷却,这种方法易保证过盈量,故常用在重要和精密的机械中,如滚动轴承的装配等。

1) 螺纹连接装配要求

螺纹连接是通过螺纹零件完成的。常用的螺纹连接主要有螺栓连接、双头螺柱连接和螺钉连接三种形式。

① 螺纹连接装配时,为润滑和防止生锈,在螺纹连接处应涂上润滑油。螺钉或螺母与零件贴合表面应平整,螺母螺固时应加垫圈,以防止损伤贴合表面。

② 螺纹连接装配时,拧紧力矩应适宜,达到螺纹连接可靠和紧固的目的。装配时,对有特殊控制螺纹力矩预紧力要求的应采用测力扳手控制预紧力的大小。

③ 螺纹连接在工作中有振动或冲击时,为防止螺钉和螺母松动,必须采用可靠的防松装置。防松装置的选用应根据防松原理、种类、特点及应用场合进行合理配置。

2) 键连接的装配要求

键连接常用于轴与齿轮、带轮、联轴器等的连接。通过键的两侧面传递转矩而不承受轴向力的键连接叫松键连接,主要有平键、半圆键和导向键等;键连接除传递转矩外,还可传递一定的轴向力的连接叫紧键连接,如楔键、钩头键等;用于大载荷和同轴度要求高的设备中的键连接叫花键连接,主要有固定花键连接和滑动花键连接两种。

(1) 松键连接装配要点。

① 装配前要清理键槽的锐边、毛刺以防装配时造成过大的过盈。

② 用键头与轴槽试配松紧,应能使键紧紧地嵌在轴槽中。

③ 锉配键长、键宽方向与轴键槽间应留 0.1 mm 左右的间隙。

④ 在配合面上涂润滑油,用铜棒或台虎钳压装在轴槽中,直至与槽底面接触。

⑤ 试配并安装套件,安装套件时要用塞尺检查非配合面间隙,以保证同轴度要求。

⑥ 对于导向键,装配后应滑动自如,但不能摇晃,以免引起冲击和振动。

(2) 紧键连接装配要点。

① 将轮毂装在轴上,并对正键槽涂润滑油,用铜棒将键打入,使键的上下表面和轴、毂槽的底面贴紧,两侧面应有间隙。

② 配键时,键的斜度一定要吻合,要用涂色法检查斜面的接触情况,若配合不好,可用锉刀、刮刀修整键或键槽,合格后,轻敲入内。

③ 钩头楔键安装后,不能使钩头贴紧套件的端面,必须留一定的距离,供修理时拆卸用。

(3) 固定花键连接要点。

① 装配前,应先检查轴、孔的尺寸是否在允许过盈量的范围内,并将毛刺清理干净。

② 装配时可用铜棒轻敲入,不可过紧,否则会拉伤配合表面。

③ 过盈量较大时,可将花键套加热(80~120 ℃)后再进行装配。

(4) 滑动花键连接装配要点。

① 检查轴、孔的尺寸是否在允许过盈量的范围内,并将毛刺清理干净。

② 用涂色法修正各齿间的配合,直到花键套在轴上能自动滑动,没有阻滞现象,但不应过松,用手摆动套件,不应感到有间隙存在。

③ 套孔径若有较大缩小现象,可用花键推刀修整。

3) 销连接的装配要求

销主要有圆柱销和圆锥销两种形式。销连接具有结构简单、连接可靠和装拆方便等优点。销连接的装配要点如下。

① 装配前,应在销子表面涂润滑油,再轻轻敲入。

② 圆柱销装配时,对销孔精度要求较高,应先与被连接件的两孔同时配钻、铰,以保证连接质量。

③ 圆柱销装入时,可用锤子通过铜棒将销钉打入孔内,也可用压力法装入。

④ 圆锥销装配时,应保证销与销孔的锥度正确,其接触面应大于70%。钻孔时按圆锥销小头直径选用钻头(圆锥销以小头直径和长度表示规格)。用1:50锥度的铰刀铰孔。铰孔时用试装法控制孔径,以圆锥销自由插入全长的80%～85%为宜。然后用手锤打入,销子的大端稍高于工件表面。

⑤ 对于不通孔的锥销孔,应在销钉外圆用油石磨一通气平面,厚度为0.02～0.05 mm,以便让孔底空气排出,否则销钉是打不进去的。

⑥ 过盈配合的圆柱销,一经拆卸就应更换,不宜继续使用。

4) 滚动轴承的装配要求

① 滚动轴承装配时,应以无字标的一面作为基准面,紧靠轴肩处;轴承上标有代号的端面应装在可见部位,以便于将来更换。装配后保证轴承外圈与轴肩和壳体孔台肩紧贴,不能有间隙。

② 轴承装在轴和壳体上后,不能有歪斜和卡住现象。为了保证滚动轴承工作时有一定的热胀余地,在同轴的两个轴承中,必须有一个外圈(或内圈)可以在热胀时产生轴向移动,以免轴承产生附加应力,甚至在工作中使轴承咬住。要在轴承外圈与端盖之间留有一定的游隙(0.5～1 mm)。

③ 滚动轴承装配时,一定不能有杂物进入轴承内,装配后运转灵活、无噪声,工作温升控制在图样要求的范围内,施加的润滑油应符合图样技术要求。

④ 装配角接触轴承时,轴承内、外圈的装配顺序应遵循先紧后松原则进行,即当轴承内圈与轴是紧配合,轴承外圈与轴承座孔是较松配合时,先将轴承安装在轴上,再将轴连同轴承一起装入轴承座孔内。反之则先将轴承压装在轴承座孔内,然后再将轴装入轴承内圈内。如果轴承内圈与轴和轴承外圈与轴承座孔配合松紧相同时,可用安装套施加压力,同时作用在轴承内、外圈上,把轴承同时压入轴颈和轴承座孔中。

⑤ 圆锥滚子轴承装配时,由于其内、外圈可以分离,装配时可分别将内圈装入轴上,外圈装入轴承座孔内,然后再通过改变轴承内、外圈的相对位置来调整轴承的间隙。

⑥ 推力球轴承装配时注意区别紧环与松环,松环的内孔比紧环大,故紧环应靠在轴上相对静止的面上,如图2-107所示。右端紧环靠在轴肩端面上,左端紧环靠在螺母的端面上,否则会使滚动体丧失作用,同时加速配合零件间的磨损。

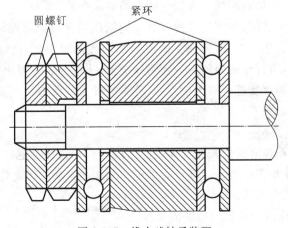

图 2-107　推力球轴承装配

2. 齿轮传动的装配

齿轮传动是利用齿轮副(齿轮副是由两个相互啮合的齿轮组成的基本结构,两齿轮轴线相对位置不变,并各绕其自身轴线转动)来传递运动或动力的一种机械传动。齿轮传动具有应用范围广、传动效率高、使用寿命长、结构紧凑、体积小等优点,但齿轮传动噪声大、传动平稳性比带传动差,不能进行远距离传动,制造装配复杂。

1)齿轮传动机构的装配要求

(1)配合。

齿轮孔与轴的装配要满足使用要求。固定连接的齿轮不得有偏心和歪斜现象;滑移齿轮在轴上滑动自如,不能有咬死和阻滞现象,且轴向定位准确;空套在轴上的齿轮,不能有晃动现象。

(2)中心距和侧隙。

应保证齿轮副有准确的中心距和适当的侧隙。侧隙过小则齿轮传动不灵活,热胀时会卡住,加剧齿面磨损;侧隙过大,换向时空行程大,易产生冲击和振动。

(3)齿面接触精度。

保证齿面有一定的接触斑点和正确的接触位置,这两者是相互联系的,接触斑点不正确同时也反映了两啮合齿轮的相互位置误差。

(4)齿轮定位。

变换机构应保证齿轮准确的定位,其错位量不得超过规定值。

(5)平衡。

对转速较高的大齿轮,一般应在装配到轴上后再进行平衡检查,以免振动过大。

2)齿轮与轴的装配

圆柱齿轮装配一般先将齿轮装在轴上,再把齿轮轴组件装入箱体。根据齿轮工作性质不同,齿轮装在轴上有空转、滑移和固定连接方式。

在轴上空转或滑移的齿轮与轴的配合为间隙配合,即齿轮孔与轴的装配是间隙配合,装配较方便,可直接将齿轮套入轴上,但装配后齿轮在轴上不得有晃动现象。如果齿轮与轴是锥面配合,则要用涂色法检查内外锥面的接触情况,贴合不良的应对齿轮内孔进行修正,装配后,轴端与齿轮端面应有一定的间隙。

在轴上固定的齿轮,一般为过渡配合(少量是过盈配合),装配时需要施加一定的外力。若过盈量不大时,可用手工工具压紧;如过盈量较大时,可用压力机压装,压装前涂上润滑油,压装时注意避免齿轮偏斜和端面未紧贴轴肩等装配误差。

精度要求高的齿轮装配,装配后要检查其径向圆跳动和端面圆跳动。如图2-108所示,径向圆跳动误差检查方法是,将齿轮轴支承在V形块或两顶尖上,使轴和平板平行,把圆柱规放在齿轮的轮齿间,将百分表的测头抵在圆柱规上,从百分表上得出一个读数。然后转动齿轮,每隔3~4个轮齿重复进行一次检查,百分表的最大读数与最小读数之差,就是齿轮分度圆上的径向圆跳动误差。

3)齿轮轴组件的装配

齿轮轴组件装入箱体应根据轴在箱体内的结构特点来选择合适的装配方式。为了保证装配质量,还应在齿轮轴部件装入箱体前,对箱体的有关部位进行复检,作为装配时修配的依据,主要包括下面几个方面。

(1)孔距精度和孔系相互位置精度的检验。

如图2-109所示为用游标卡尺、专用轴套、检验芯棒测量孔距和孔系轴线平行度的检验方法。

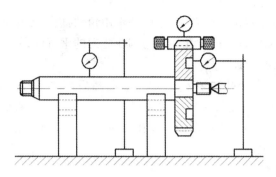

图 2-108　齿轮径向圆跳动误差的检查

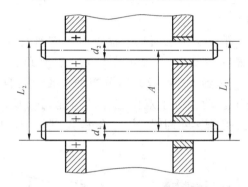

图 2-109　孔距精度及孔系轴线平行度检验

孔距为

$$A = (L_1 + L_2)/2 - (d_1 + d_2)/2$$

平行度误差为

$$\Delta = L_1 - L_2$$

（2）轴线与基面尺寸精度和平行度测量。

将箱体基面用等高块支承在平板上，孔内装入专用定位套。插入芯棒，用高度游标尺或百分表测量芯棒两端尺寸 h_1 和 h_2，其轴线与基面的距离为 h，如图 2-110 所示，则

$$h = (h_1 + h_2)/2 - d_1/2 - a$$

平行度偏差为

$$A = h_1 - h_2$$

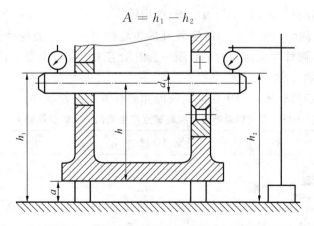

图 2-110　轴线与基面尺寸精度和平行度的测量

（3）轴线与孔端面垂直度测量。

将芯棒插入装有专用定位套的孔中，轴的一端用角铁抵住，使轴不能轴向窜动。转动芯棒一周，百分表指针摆动的范围即为孔端面与轴线之间的垂直度误差。

（4）同轴孔的同轴度检验。

在成批生产中，可在各个孔中装入专用定位套，然后用通用检验芯棒检验，若芯棒能自由地推入几个同轴孔中，表示孔的同轴度误差在规定的范围内。若要求测量出同轴度误差值，则应拆除待测孔的定位套，并把百分表装在芯棒上，转动芯棒，通过百分表的指针摆动范围即可测出同轴度误差值。

（5）啮合精度的检查。

齿轮装配后，应对齿轮副的啮合质量进行检查，啮合质量包括啮合部位及接触面积、啮合齿隙。主要检查方法如下：

① 用涂色法检查啮合部位及接触面积。检查时将红丹粉涂于大齿轮齿面上，使两啮合齿轮进行空运转，然后检查其接触斑点情况，接触斑点在齿轮高度上应达到30%～60%，在齿轮宽度上达到40%～70%，分布的位置应是自节圆处上下对称分布。转动齿轮时，被动轮应轻微止动。对于双向工作的齿轮，正、反两个方向都应检查。根据接触斑点位置和面积情况，可对齿轮啮合精度进行分析，以便装配时调整，如图2-111所示。

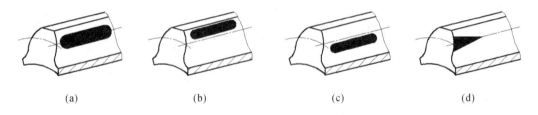

| (a) | (b) | (c) | (d) |

图 2-111　圆柱齿轮接触斑点的位置

（a）正确　（b）中心距过大　（c）中心距过小　（d）中心歪斜

② 用压铅法检查齿轮啮合间隙。在小齿轮齿宽方向上，放置两条以上铅丝，并用油黏在轮齿上，铅丝长度以能压上三个齿为宜。齿轮啮合滚压后，压扁后铅丝的厚度，就相当于顶隙和侧隙的数值，其值可用千分尺和游标卡尺测量。

在每条铅丝的压痕中，厚度小的是工作侧隙，厚度较大的是非工作侧隙，而最厚的是齿顶间隙。这种方法操作简单，测量较为准确，应用较广。

③ 百分表检查侧隙。对于传动精度较高的齿轮副可用百分表检查侧隙。侧隙的大小与中心距偏差有关，圆柱齿轮传动的中心距一般由加工来保证。由滑动轴承支承时，可以刮削轴瓦来调整侧隙的大小。

圆柱齿轮啮合后接触斑点产生偏向的原因和调整方法见表2-18。

表 2-18　圆柱齿轮啮合后接触斑点产生偏向的原因和调整方法

接触斑点	原因分析	调整方法
正常斑点	—	—

续表

接触斑点	原因分析	调整方法
同向偏接触	两齿轮轴线不平行	可在中心距公差范围内,刮削轴瓦或调整轴承座
异向偏接触	两齿轮轴线歪斜	—
单向偏接触	两齿轮轴不平行,同时歪斜	—
游离接触	齿轮端面与回转中心线不垂直	检查并校正齿轮端面与回转中心线的垂直度误差
不规则接触(有时齿面一个点接触,有时在端面边线上接触)	齿面有毛刺或有碰伤隆起	去除毛刺,修整
接触较好,但不太规则	齿圈径向圆跳动太大	检验并消除齿圈的径向圆跳动误差

3. 校正、调整、配作与平衡

（1）校正。

校正是指产品中相关零部件相互位置的找正、校平及相应的调整工作。校正时常用的工具及量具有平尺、角尺、水平仪、百分表、光学准直仪及相应的一些检具（如检棒）等。

（2）调整。

调整是指相关零部件相互位置的具体调节工作。装配时除了校正零部件的位置精度外,为保证零部件的运动精度,还需调整运动副间的间隙,如导轨副中的间隙、齿轮齿条间的啮合间隙等。

（3）配作。

配作通常是指配钻、配铰、配刮和配磨等。配钻和配铰多用于固定连接,它们是以连接件中一个零件上的已有孔为基准,去加工另一零件上的相应孔。用这种方法装配可避免位置精度要求很高的孔加工。配钻和配铰常分别用于螺纹连接孔和定位销孔的加工;配刮和配磨多用于运动副配合面的精加工。

（4）平衡。

对于转速较高的回转零部件,装配时必须进行平衡,以防止运转时因离心力而引起的过大振动,从而提高其工作平稳性并降低噪声。机器零部件产生不平衡现象的原因有:材料不均匀,零件制造误差以及装配误差等。

不平衡分为静力不平衡和力偶不平衡两类。装配时应采取静平衡和动平衡两种平衡方法。

消除不平衡量的方法主要有：

① 用补焊、粘接、铆接、螺纹连接或钻孔浇铅等方法加配质量；

② 用钻孔、铣、磨或锉刮等方法去除质量；

③ 在预制的平衡槽内改变平衡块的数量和位置。如砂轮静平衡常用此法。

4. 验收试验

机械产品装配完成后，应根据产品的有关技术标准和规定进行全面的检验和试验，验收合格后方可出厂。产品类型不同其验收试验的内容和方法也不尽相同。一般机械的验收试验内容主要有：几何精度的检验、空运转试验和负荷试验等。除了整机试验外，在装配过程中还须对承受各种介质（水、气等）压力的零部件进行各种有关的气密性试验和压力试验。

5. 装配尺寸链

产品或部件的装配精度与构成产品或部件的零件精度有着密切关系。为了定量的分析这种关系，将尺寸链的基本理论用于装配过程，即可建立起装配尺寸链。装配尺寸键是产品或部件在装配过程中，由相关零件的尺寸或位置关系所组成的封闭的尺寸系统，即由一个封闭环和若干个与封闭环关系密切的组成环组成。将尺寸链画出来就成了尺寸链简图。装配尺寸链虽然起源于产品设计中，但应用装配尺寸链原理可以指导制订装配工艺，合理安排装配工序，解决装配中的质量问题，分析产品结构的合理性等。尺寸链理论是进行尺寸分析和计算的基础。

三、拆卸工作基本原则

1. 设备拆卸的准备工作

为保证设备修理的质量，在拆卸设备零件之前，必须周密计划，对可能遇到的问题有所估计，做到有步骤地进行拆卸。为此，拆卸设备前要做好各项准备工作，准备工作的好坏直接影响到修理的进度和修理质量的好坏。准备工作主要包括以下方面的内容：

（1）了解拆卸设备的结构、性能和工作原理，在拆卸前，应熟悉机械设备有关图样和资料，了解设备各部分结构特点，以及零部件的结构特点和相互间的配合关系，明确设备各部分的用途和相互间的作用。

（2）选择适当的拆卸方法，合理安排拆卸步骤。

（3）准备必要的通用和专用工具或设施，特别是自制的特殊工具和量具，并根据设备的实际情况，准备可能要更换的备件。

（4）准备好清洁、方便作业的工作场地，做到安全文明作业。

2. 设备拆卸的一般性原则

（1）拆卸前，仔细观察拆卸对象，确定拆卸顺序，做好记号；按照教师的要求，对机构、轴系组件进行拆卸；拆下后，按装配顺序组放好；紧固螺钉、键、销等，拆卸后装入原孔（槽）内防止丢失。

（2）拆卸设备的顺序与装配相反。在切断电源之后，应先拆外部附件，再将整机拆成部件，然后拆成零件。必须按部件归并放置，绝对不能乱扔乱放。精密零件要单独妥善存放，丝杆和轴类零件应悬挂起来，以免变形。

（3）选择正确的拆卸方法，正确使用拆卸工具。直接拆卸轴孔装配件时，通常要坚持

"用多大力量装配就要用多大的力量拆卸",如果出现异常,就要查找原因,防止在拆卸过程中将零件拉伤,甚至损坏;热装零件要加热来拆卸。

(4)拆卸大型零件,要坚持慎重、安全的原则。拆卸中应仔细检查锁紧螺钉及压板等零件是否拆开。

(5)拆卸中,用铜棒传力,不得用手锤直接敲打工件;拆卸滚动轴承用轴承拉子;拆卸轴上零件时,着力点应尽量靠近轮毂;拆卸过程中要放稳工件,注意安全。

(6)拆卸螺纹连接要特别检查有无防松垫片或其他防松措施;拆卸角接触轴承、推力轴承要特别注意轴承装配方向和调整垫片的位置。

(7)拆卸中用力适当;拆卸弹性挡圈或调节弹簧力的螺纹连接件要防止零件弹出伤人。

(8)拆卸圆锥销时,要用冲子,从小端施力,防止反向敲击。

(9)重要油路等要做标记。

(10)拆卸零部件要顺序排列,细小件要放入原位。

(11)拆卸顺序注意事项如下:

① 看懂结构再动手拆,并按先外后里、先易后难、先上后下、由附件到主机的顺序拆卸。

② 先拆紧固、联结、限位件(顶丝、销钉、卡圆、衬套等)。

③ 拆前看清组合件的方向、位置排列等,以免装配时搞错。

④ 拆下的零件要有秩序地摆放整齐,做到键归槽、钉插孔、滚珠丝杠盒内装。

⑤ 注意安全,拆卸时要注意防止箱体倾倒或掉下,拆下的零件要往桌案里边放,以免掉下砸人。

⑥ 拆卸零件时,不准用铁锤猛砸,当拆不下或装不上时不要硬来,分析原因(看图)搞清楚后再拆装。

⑦ 在扳动手柄观察机械设备传动时不要将手伸入传动件中,防止挤伤。

3. 拆卸机械设备零件的方法

拆卸就是解除零部件在机器中的相互约束与固定的关系,把零件有条不紊地分解出来。零件的拆卸,按其拆卸的方式可以分为击卸法、拉拔法、顶压法、温差法、破坏法等。在拆卸时应根据被拆卸零件结构特点和连接方式的实际情况,采用相应的拆卸方法。

(1)击卸法。

击卸法是拆卸工作最常用的一种方法。它是利用手锤或其他重物的冲击能量,把零件拆卸下来的方法。击卸有使用简便快捷的优点,但也有因力量掌握不好或方法不对,易造成零件损伤的缺点。其注意事项如下:

① 应按被拆卸零部件的尺寸、重量、配合性质等选择大小适合的手锤,并且要使用正确的敲击力。防止用小锤击卸大重量、紧配合的零件,这样不易敲动零件,还会伤及零件表面或损坏零件。

② 对敲击部位必须采取保护措施,不得用手锤直接敲击零件。一般用铜棒、胶木棒、木板作为介质传力。对于精密重要零件,要制作专用工具保护被敲击的表面。

③ 击卸操作时,应选择合适的锤击点,以防止因敲击部位不当,造成零件的变形和损坏。对于带有轮辐的带轮、齿轮、链轮,应锤击轮与轴配合处的端面,避免锤击外缘,要对称式均匀锤击。击卸前要检查手锤是否安全可靠,防止手锤飞出伤人。

④ 击卸时,要先试击,以确定零件的走向是否正确和零件间结合的牢固程度。如果听到坚实的声音或手感反弹力很大,要立即停止锤击,进行检查,看是否是由于方向相反或紧

固件漏拆而引起的,发现上述情况,要纠正击卸方法。若零件锈蚀严重时,可以加煤油浸润。

（2）拉拔法。

拉拔法是用专用拉卸工具把零件拆卸下来的一种静力或冲击力不大的拆卸方法。该方法具有拆卸比较安全,不易损伤零件等优点,一般用于拆卸精度较高的零件和无法敲击的零件,如轮系零件。如图 2-112 和图 2-113 所示,一般利用各种顶拔器拉卸装在轴端上的带轮、齿轮和轴承等零件。

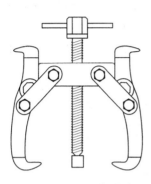

图 2-112　顶拔器

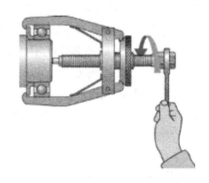

图 2-113　拉卸轴承

（3）顶压法。

顶压法是一种静力拆卸方法,适用于形状简单的过盈配合零件。常用螺旋 C 形夹头、手压机、油压机或千斤顶等设备进行零件的拆卸。

（4）温差法。

温差法是利用材料热胀冷缩的性能,加热包容件使配合件拆卸的方法。温差法常用于拆卸尺寸较大、过盈量较大的零件或热装零件。例如拆卸尺寸较大的轴承与轴时,对轴承内圈加热来拆卸轴承,加热前把靠近轴承部分的轴颈用石棉隔离开来,防止轴颈受热膨胀,用拉拔器拉钩扣紧轴承内圈,给轴承施加一定拉力,然后迅速将 $100\ ^{\circ}\mathrm{C}$ 左右的热油倾倒于轴承内圈上,待轴承内圈受热膨胀后,即可用拉拔器将轴承拆卸下来。

（5）破坏法。

破坏法是拆卸中应用最少的一种方法,是只有在拆卸焊接、铆接、密封连接件等固定连接件和相互咬死的配合件时不得已采取的一种保护主件、破坏副件的拆卸方法。破坏法一般采用车、铣、锯、磨、钻和气割等方法进行。

4. 机械零件的清洗

对拆卸后的零件进行清洗是修理工作的重要环节。零件的清洗包括清除油污、锈层、水垢、积炭、旧的涂装层等。

（1）清除油污。

清除油污常用的清洗剂主要有:

① 有机溶剂。常见的有机溶剂有煤油、轻柴油、汽油、丙酮、酒精和三氯乙烯等。有机溶剂除油是以溶解污物为基础,对金属无损伤,可溶解各类油脂,不需加热,使用简便,清洗效果好,但成本高,且多数为易燃物,主要用于小规模的机械维修零件清洗。

② 碱性溶液。碱性溶液是碱或碱性盐的水溶液。利用碱性溶液和零件表面上的可皂化油起化学反应,生成易溶于水的肥皂和不易浮在零件表面上的甘油,然后用热水冲洗,很容易除油。清洗不同材料的零件应采用不同的清洗溶液。碱性溶液对金属有不同程度的腐

蚀作用,尤其是对铝的腐蚀较强。用碱性溶液清洗时,一般需将溶液加热到 80～90 ℃。除油后用热水清洗,去掉表面残留碱液,防止零件被腐蚀。碱性溶液应用最广。

③ 化学清洗液。化学清洗液是化学合成水基金属清洗剂,以表面活性剂为主。其表面活性物质降低界面张力而产生湿润、渗透、乳化、分散等多种作用,具有很强的去污能力。它还具有无毒、无腐蚀、不燃烧、不爆炸、无公害、有一定防锈能力和成本较低等优点,已逐步替代其他类清洗剂。

(2) 清除水垢。

机械设备的冷却系统长期使用硬水或含杂质较多的水,会在管内壁上沉积一层黄白色的水垢。必须定期清除水垢,否则会影响冷却系统的正常工作。一般采用化学清除法,主要有酸盐清除水垢、碱溶液清除水垢、酸洗液清除水垢(磷酸、盐酸或铬酸等)。

清洗水垢应根据水垢成分和零件材料选用合适的化学清洗液。

(3) 清除积炭。

发动机的积炭一般积聚在气门、活塞、汽缸盖上,是由各种润滑油脂类物质炭化后积成的复杂混合物。积炭会造成发动机某些零件散热差,恶化传热条件,影响其燃烧性,会导致零件过热,而使零件产生裂纹。所以必须定期清除积炭。

清除积炭的方式有机械清除法,即用金属丝刷与刮刀去除,但此法会伤及零件表面且不易清除干净;化学法清除积炭,可将零件浸入苛性钠、碳酸钠等清洗剂中,加温使油脂溶解,积炭变软,2～3 h 后取出零件再用毛刷清除;还可用电化学法清除积炭。

(4) 除锈。

机械法除锈是利用机械摩擦、切削作用清除零件表面锈层,有刷、磨、抛光等;化学法除锈是利用化学反应把金属表面的锈蚀产物溶解掉的酸洗法;电化学法除锈,即利用零件在酸洗液中通直流电,通过化学反应达到除锈的目的。

(5) 清除漆层。

零件表面的保护漆层需根据其损坏程度和保护涂层的要求进行全部或部分清除。清除后要清洗干净,准备再喷刷新漆。一般可用砂纸、钢丝刷或手提电动磨削工具清理漆层,也可用配制的有机溶液去除。

5. 机械零件的检测

拆卸后的零件清洗完后,应对零件进行检验。零件的检验是机械维修工作重要的一环,它决定零件的弃留和零件的装配质量,也是确定维修成本和维修工艺措施的依据。

零件检验内容包括以下方面:

① 零件的几何精度检验。包括零件的尺寸、形状和表面相互位置精度。根据维修特点,不仅仅要针对单个零件的尺寸精度进行检验,还要对零件的配合精度进行检验。

② 零件的表面质量检验。包括表面粗糙度和表面有无擦伤、腐蚀、裂纹、剥落、浇损、拉毛等缺陷。

③ 零部件的平衡检测。对曲轴、风扇、传动轴、车轮等高速旋转件进行动、静平衡检测,检查传动件和易损件的质量是否符合结构要求。

④ 零件表层材料与基体的结合强度检验。对电镀层、喷涂层、堆焊层与基体的结合强度,机械固定连接件的连接强度以及轴瓦与轴承座的结合强度等进行检测。

⑤ 零件结构的配合精度与磨损检测。检测零件结构间的平行度、同轴度和齿轮的啮合精度与配合精度是否符合技术要求。结构件的磨损情况也应一起检查。

⑥ 零件材料性质缺陷及力学性能指标的检测。包括零件的内部缺陷、裂纹,零件合金成分及硬度指标,零件的强度与刚度指标,橡胶材料的老化变质程度等。

⑦ 零件的密封性检测。检查缸体、缸盖有无泄漏,检查油封密封圈等的密封性。

经过上述分析、检验、测量和实验,便可将零件分为合格使用件、更换件和修复件三种类型,并根据检验结果采取相应的机械设备的修理措施。

四、CA6140 车床的拆卸与装配

1. CA6140 车床的拆装

1) 车床拆装的内容和要求

① 打开主轴箱盖,观察双向多片式摩擦差动离合器、制动器的结构形式和工作原理。

② 对照图纸,辨别每根传动轴的轴号,观察它们的传动顺序。

③ 观察变速机构的工作原理,了解滑动齿轮的作用和操纵机构的工作原理。

④ 分别观察主轴高速正转、低速正转和反转时的传动路线。

⑤ 打开变速箱盖,观察内部结构,了解传动路线和变速原理。

⑥ 打开溜板箱盖,观察内部结构,了解光杠、丝杠的运动传递原理,纵向进给和横向进给的工作原理。

⑦ 将机床按原状重新装好。

2) 实习步骤

① 严格遵照上述机械设备拆卸的原则及注意事项进行拆卸该种型号的车床。

② 做好相应的设备拆卸准备工作。清理场地,在所拆卸车床旁边垫上胶皮,以便安全和平稳地放置拆卸零部件。

③ 领取并检查拆卸所需工具、量具、照明用具是否齐全和使用可靠。

④ 制订机床拆卸方案,分工明确,团结协作。

⑤ 拆卸下来的零部件按机械设备装配要求分类整齐放置,即按机床总成装配原则由部件→组件→零件或合件拆卸,并按一个机构单元(部件)以零件的形式放置在同一个区域。机器总成划分如下:

$$
机器总成 \begin{cases} 零件:组成机械产品的基本元件。 \\ 合件:由两个或以上零件组成,不具有独立性和完整功能。分 \begin{cases} 可拆 \\ 不可拆 \end{cases} \\ 组件:在结构与装拆上有一定独立性,但不具有完整功能。 \\ 部件:由若干个零件组成,具有相对独立性,能完成一定完整功能。 \end{cases}
$$

如图 2-114 所示,一台车床按部件划分由主轴箱、进给箱、溜板箱、尾座、附件、床身和底座七个部件组成。拆卸车床时即可按这种划分形式进行拆卸。

例如拆卸 CA6140 车床时,主要拆卸主轴箱、进给箱、溜板箱、附件四个机床设备部件。在放置拆卸下来的机床零件时,可将胶皮划分成四个摆放区域。如图 2-115 所示,假如部件 1 区域分为车床主轴箱拆卸零件放置区域,而主轴箱由 7 组主轴传动系统组成,则该部件由 7 个组件组成,在拆卸时,从组件 1 到组件 7 拆卸的零件,即分组件按其装配顺序摆放。其他部件机构如同部件 1 一样,分组件按其装配顺序放置零件。当然也可将组件拆卸下来的零件做好记号,再按顺序放置。这样,在零件装配时可以按顺序进行装配,而不至于因对机构不熟悉使装配时出现失误。

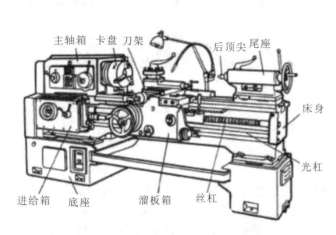

图 2-114　车床部件的划分

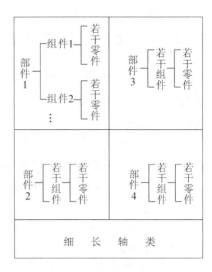

图 2-115　胶皮上零件放置区域的划分

⑥ 车床拆卸基本顺序如下：

（a）拆除车床上的电气设备和电气元件，断开影响部件拆卸的电气接线，并注意不要损坏、丢失线头上的线号，将线头用胶布包好；

（b）放出溜板箱、前床身底座油箱和残存在主轴箱、进给箱中的润滑油，拆掉润滑泵。放掉后床身底座中的冷却液，拆掉冷却泵和润滑、冷却附件；

（c）拆除防护罩、油盘，并观察、分析部件间的联系结构；

（d）拆除部件间的联系零件，如联系主轴箱与进给箱的挂轮机构，联系进给箱与溜板箱的丝杠、光杠和操纵杆等；

（e）拆除基本部件，如尾座、主轴箱、进给箱、刀架、溜板箱和床鞍等；

（f）将床身与床身底座分解；

（g）最后按先外后内、先上后下的顺序，分别将各部件分解成零件。

⑦ 车床拆卸后，按要求进行零件的清洗。

⑧ 检查车床零部件质量与精度。

⑨ 观察车床零部件结构特点，了解车床传动结构间的联系及零件间的相互作用，熟悉机械零件的设计原理。

3）车床主要部件的拆装方法

（1）主轴变速箱中Ⅰ轴的构造及拆装方法。

主轴箱的主要功能是支承主轴，使主轴带动工件按规定的转速旋转，以实现主运动。主轴箱Ⅰ轴的拆卸，首先从主轴箱的左端开始。轴Ⅰ的左端是三角皮带轮，第一步用销冲把锁紧螺母拆下，然后用内六角扳手把带轮上的端盖螺丝卸下，用手锤配合铜棒把端盖卸下。再拆下带轮上的另一个锁紧螺母，使用撬杠把带轮卸下，然后用手锤配合铜棒把轴承套从主轴箱的右端向左端敲击，直到卸下为止。到这时轴Ⅰ的整体轴组可以一同卸到箱体外面。

装在轴Ⅰ上的零件较多，拆装麻烦，所以通常是在箱体外拆装好后再将轴Ⅰ装到箱体中。轴Ⅰ上的零件首先从两端开始拆卸，两端各有一盘轴承，拆卸轴承时，应用手锤配合铜棒敲击齿轮，连带轴承一起卸下，敲击齿轮时注意用力均匀，卸下轴承后，把轴Ⅰ上的空套齿轮卸下，然后把摩擦片取出，到这时整个轴Ⅰ上的零件卸下了。

轴Ⅰ的装配在箱体外进行,在装配过程中应注意轴承的位置和轴Ⅰ上的滑套是否能在键上比较通顺地滑动,否则应视为装配不合理,应重新进行装配。轴Ⅰ装好后,再从箱体外装到箱体中。

主轴的拆装应从两端的端盖开始,然后从箱体左侧向右侧拆卸,左侧箱体外有端盖和锁紧调整螺母,卸下后,把主轴上的卡簧松下退后,此时用大手锤配合垫铁把主轴从左端向右端敲击,敲击的过程中,应注意随时调整卡簧的位置。

主轴的装配应从箱体的左侧向右侧进行,在装配的过程中,第一,注意主轴的前轴承应该均匀地装在轴承圈中,否则会损坏轴承;第二,注意齿轮的装配应咬合均匀,无顶齿现象;第三,装配后主轴应能正常旋转。

(2) 进给箱的拆装。

进给箱固定在床身的左前侧,是调节车刀进给速度的机构。主轴转速确定之后,当需要与主轴转速相适配的进给速度时,可通过调整进给箱里的变速机构来实现。进给箱里有三套操纵机构,它们分别是:基本组的操纵机构,增倍组的操纵机构,螺纹种类变换及丝杠、光杠传动的操纵机构。这些机构的操纵手柄都设在进给箱的正面。进给箱的拆装方法如下。

进给箱用来将主轴箱经交换齿轮传来的运动进行各种传动比的变换,使丝杠、光杠得到与主轴不同速比的转速,以取得机床不同的进给量和适应不同螺距的螺纹加工,它由箱体、箱盖、齿轮轴组、倍数齿轮轴组,以及丝杠、光杠连接轴组和各操纵机构等组成。

进给箱中零部件的拆卸方法与主轴箱中的Ⅱ轴及Ⅲ轴一样,均采用工具拔销器。安全注意事项与主轴箱相同(略)。

(3) 溜板箱的拆装。

溜板箱与滑板部件合称溜板部件,可带动刀架一起运动。溜板箱结构主要有:蜗杆轴(XXⅡ轴)结构、开合螺母的控制和进给运动及快速运动的操纵机构、互锁机构(纵横进给运动的互锁,开合螺母与纵横进给运动的互锁)。溜板箱拆装顺序如下。

① 拆下三杆支架。取出丝杠、光杠、$\phi6$ mm 锥销及操纵杆、M8 螺钉,抽出三杆,取出溜板箱定位锥销 $\phi8$ mm,旋下 M12 内六角螺栓,取下溜板箱。

② 开合螺母机构。开合螺母由上、下两个半螺母组成,装在溜板箱箱体后壁的燕尾形导轨中,开合螺母背面有两个圆柱销,其伸出端分别嵌在槽盘的两条曲线中(太极八卦图),转动手柄开合螺母可上下移动,实现与丝杠的啮合、脱开。

拆下手柄上的锥销,取下手柄;旋松燕尾槽上的两个调整螺钉,取下导向板,取下开合螺母,抽出轴等。装配按反顺序进行。

③ 纵、横向机动进给操纵机构。纵、横向机动进给动力的接通、断开及其变向由一个手柄集中操纵,且手柄扳动方向与刀架运动方向一致,使用比较方便。

(a) 旋下十字手柄、护罩等,旋下 M6 顶丝,取下套,抽出操纵杆,抽出 $\phi8$ mm 锥销,抽出拨叉轴,取出纵向、横向两个拨叉(观察纵、横向的动作原理);

(b) 取下溜板箱两侧护盖,M8 沉头螺钉,取下护盖,取下两牙嵌式离合器轴,拿出齿轴1、2、3、4 及铜套等(观察牙嵌式离合器动作原理);

(c) 旋下蜗轮轴上 M8 螺钉,打出蜗轮轴,取出齿轮、蜗轮等;

(d) 旋下快速电机螺钉,取下快速电机;

(e) 旋下蜗杆轴端盖和 M8 内六角螺钉,取下端盖蜗,抽出蜗杆轴;

(f) 旋下横向进给手轮螺母,取下手轮,旋下进给标尺轮 M8 内六角螺栓,取下标尺轮。

取出齿轮轴连接的 $\phi 6$ mm 锥销，打出齿轮轴，取下齿轮轴。

4）典型零部件的拆卸

（1）螺纹连接的拆卸。

螺纹连接在机械设备中应用最为广泛，拆卸相对比较容易，但有时因各种原因，或因拆卸方法不当造成螺栓损坏，因此应选用合适的旋具，尽量不要用活络扳手。对于较难拆卸的螺纹连接件，应先弄清螺纹的旋向，不要盲目乱拧或用过长的加力杆。拆卸双头螺柱，要用专用扳手。

① 断头螺钉的拆卸。当螺钉断在机体表面及以下时，拆卸时可以在螺钉上钻孔，打入多角淬火冲销，再将螺钉拧出，但打击力不可过大，以免损坏机体上的螺纹；可以在螺钉中心钻孔，攻反向螺纹，拧入反向螺钉旋出；可以在螺钉上钻直径相当于螺纹小径的孔，再用相同规格的丝锥攻螺纹，或者钻相当于原螺纹大径的孔，重新攻螺纹，并重新选配螺栓；特殊螺钉可用电火花打出方形或扁形槽，再用相应的旋具拧出螺钉。

当螺钉的断头露出机体表面外一部分时，拆卸时可在螺钉的断头上用锯子锯出沟槽，用一字起旋出，或将断头锉出方形，用扳手拧出；可以在断头上加焊弯杆，或加焊一个螺母再拧出；当断头螺钉较粗时，可采用錾子或冲子沿圆周逐渐剔出。

② 打滑的六角螺钉的拆卸。六角螺钉用于固定连接的场合较多，当六角磨圆后会产生打滑现象而很不容易拆卸，这时用一个孔径比螺钉头外径稍小一些的六角螺母，放在内六角螺钉头上，然后将螺母与螺钉焊接在一起，待冷却后用扳手拧六角螺母，即可将螺钉迅速拧出。

③ 锈死螺纹件的拆卸。螺钉、螺母、螺柱等用于紧固或连接时，由于生锈很不容易拆卸，可采用如下几种方法拆卸。

（a）用手锤敲击螺纹件的四周，以震松锈层，然后拧出。

（b）可先向拧紧方向稍拧动一点，再向反方向拧，如此反复拧紧和拧松，直到拧出螺钉为止。

（c）在螺纹四周浇些煤油或松动剂，浸渗一定时间后，先轻敲四周，使锈蚀面略微松动后拧出。

（d）若零件允许，还可采用加热包容件的方法，使其膨胀，然后迅速拧出螺纹件。

（e）采用车削、锯、錾、气割等方法，破坏螺纹件。

④ 成组螺纹件的拆卸。除按单个螺纹件拆卸的方法外，还要做到如下几点。

（a）首先将各螺纹件拧松 $1 \sim 2$ 圈，然后按一定的顺序，先四周后中间按对角线方向逐一拆卸，以免力量集中到最后一个螺纹件上，造成难以拆卸或零部件的变形和损坏。

（b）处于难拆部位的螺纹件要先拆卸下来。

（c）拆卸悬臂部件的环形螺柱组时，要特别注意安全。首先要仔细检查零部件是否垫稳，起重索是否捆牢，然后从下面开始按对称位置拧松螺柱进行拆卸。最上面的一个或两个螺柱，要在最后分解吊离时拆下，以防事故发生或零部件损坏。

（d）注意仔细检查在外部不易观察到的螺纹件，在确定整个成组螺纹件已经拆卸完后，方可将连接件分离，以免造成零部件的损伤。

（2）过盈配合件的拆卸。

拆卸过盈配合件，应根据零件配合尺寸和过盈量的大小，选择合适的拆卸方法和工具、设备，如顶拔器、压力机等，不允许用手锤直接敲击零部件，以防止损坏零部件。在无专用工具的情况下，可通过铜棒、木块等介质用手锤敲击。拆卸之前一定要检查有无销钉、螺钉等

附加固定或定位装置,若有应先拆下;施力部位应在零部件合适的部位,且受力均匀,对于轴类零件力应作用在受力面的中心;要保证拆卸方向的正确性,特别是带台阶、有锥度的过盈配合件的拆卸。

滚动轴承的拆卸属于过盈配合件的拆卸,在拆卸时除遵循过盈配合件的拆卸要点外,还要注意尽量不用滚动体传递力。拆卸尺寸较大的轴承或过盈配合件时,为了使轴和轴承免受损害,可加热来拆卸。

(3)不可拆连接件的拆卸。

焊接件的拆卸可用锯割、等离子切割或用小钻头排钻孔后再锯或錾,也可用气割等方法。铆接件的拆卸可用錾、锯或钻头去掉铆钉等。操作时注意不要损坏基体构件。

5)车床拆卸验收

拆卸后的车床由指导教师进行检查验收,要求如下:

① 遵守拆卸相关规定要求,按要求拆卸各部件。

② 平稳放置拆卸零部件,按部件区域,并分组件以零件装配顺序放置在胶皮上。

③ 拆卸零部件无伤痕。

④ 全部车床部件拆分为零件(不可拆零件除外),按要求清洗车床零部件。

⑤ 安全无事故。

以上每条达要求评分 20 分,共 100 分。

2. CA6140 车床的装配工艺

车床拆卸经验收合格后进行装配,其工艺过程如下。

(1)装配前的准备工作与要求。

① 原则上最后拆下的零件最先装,装配顺序由下向上,由里向外,由主机到附件。

② 确定装配方法、顺序,准备所需要的工具、夹具、量具。

③ 清理全部零件,配套齐全,熟悉机床装配图和技术要求,熟悉有关说明及装配技术文件。

④ 先将零件装配成部件,按部件技术条件检验达到合格。

(2)车床装配顺序和方法。

① 清理床身、导轨及部件安装表面。

② 将拆卸下的零件组装成组件,再由组件装配成部件。

③ 安装齿条,保证齿条与溜板箱齿轮具有 0.08 mm 的啮合侧隙。

④ 安装溜板箱、进给箱、丝杠、光杠及托架。保证丝杠两端支承孔中心线和开合螺母中心线在上下、前后对床身导轨平行,且等距度允差小于 0.15 mm。调整进给箱丝杠支承孔中心线、溜板箱开合螺母中心线和后托架支承孔中心线三者对床身导轨的等距度允差,保证上母线公差为 0.01 mm/100 mm,侧母线公差为 0.01 mm/100 mm。然后配作进给箱、溜板箱、后支座的定位销,以确保精度不变。

⑤ 安装主轴箱。主轴箱以底平面和凸块侧面与床身接触来保证正确的安装位置。要求检验心轴上母线公差小于 0.03 mm/100 mm,外端向上抬起,侧母线公差小于 0.015 mm/300 mm,外端偏向操作者位置方向。超差时,通过刮削主轴箱底面或凸块侧面来满足要求。

⑥ 安装尾座。第一步,以床身导轨为基准,配刮尾座底面,经常测量套筒孔中心与底面平行度,尾座套筒伸出长度为 100 mm 时移动溜板,保证底面对尾座套筒锥孔中心线的平行度达到精度要求。第二步,调整主轴锥孔中心线和尾座套筒锥孔中心线对床身导轨的等距

度,上母线的允差为 0.06 mm,只允许尾座比主轴中心高,若超差,则通过修配尾座底板厚度来满足要求。

⑦ 安装刀架。保证小刀架移动对主轴轴心线在垂直平面内的平行度,允差为 0.03 mm/100 mm,若超差,通过刮削小刀架转盘与横溜板的接合面来调整。

⑧ 安装电动机、挂轮架、防护罩及操纵机构。

(3) 车床装配检查验收。

车床装配后,性能试验之前,必须仔细检查车床各部分是否安全可靠,以保证试运转时不出事故。

① 用手转动各传动件,应运转灵活。

② 变速手柄和换向手柄应操作灵活,定位准确,安全可靠。手轮或手柄操作力小于 80 N。

③ 移动机构的反向空行程应尽量小,直接传动的丝杠螺母不得超过 1/30 转,间接传动的不得超过 1/20 转。

④ 溜板、刀架等滑动导轨在行程范围内移动时,应轻重均匀和平稳。

⑤ 顶尖套在尾座孔中全程伸缩应灵活自如,锁紧机构灵敏,无卡滞现象。

⑥ 开合螺母机构准确、可靠,无阻滞和过松现象。

⑦ 安全离合器应灵活可靠,超负荷时能及时切断运动。

⑧ 挂轮架交换齿轮之间侧隙适当,固定装置可靠。

⑨ 各部分润滑充分,油路畅通。

⑩ 电气设备启动、停止应安全可靠。

⑪ 安全文明生产,无事故。

以上均达到车床装配质量要求合计 80 分,安全文明生产无事故计 20 分,共 100 分。

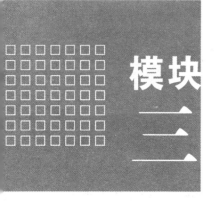

模块三

车工实训

知识目标要求
- 了解普通车削加工的特点及加工工艺范围;
- 了解普通车床的分类和工作原理。

技能目标要求
- 熟悉普通车床 CA6132、C6140 的车床结构;
- 掌握普通车床 CA6132 的基本操作方法。

任务一　车工入门知识

一、车削加工基本知识

1. 车削特点及加工范围

(1) 车削工作的特点。

在车床上,工件旋转,车刀在平面内作直线或曲线移动的切削叫车削。它是以工件旋转为主运动,车刀纵向或横向移动为进给运动的一种切削加工方法。车外圆时各种运动的情况如图 3-1 所示。

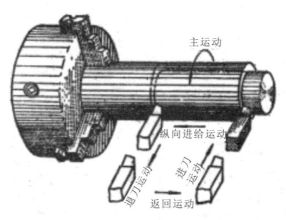

图 3-1　车削加工

（2）车削加工范围。

凡具有回转体表面的工件,都可以在车床上用车削的方法进行加工。另外,还可低速制作弹簧。车削加工的工件尺寸公差等级一般为 IT7～IT9 级,表面粗糙度 $Ra=1.6～3.2\ \mu\mathrm{m}$。车削加工范围如图 3-2 所示。

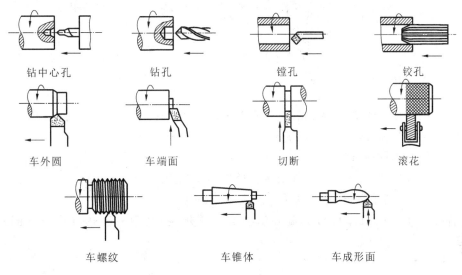

| 钻中心孔 | 钻孔 | 镗孔 | 铰孔 |

| 车外圆 | 车端面 | 切断 | 滚花 |

| 车螺纹 | 车锥体 | 车成形面 |

图 3-2　车削加工范围

2. 切削要素

在切削加工过程中的切削速度（v）、进给量（f）和切削深度（a_p）总称为切削要素。车削时的切削要素如图 3-3 所示。合理选择切削要素对提高生产率和切削质量有密切关系。

（1）切削速度（v）。

切削速度指主运动的线速度,即在单位时间内,工件和刀具沿主运动方向上相对移动的距离,单位为 m/min 或 m/s。可用下式计算:

$$v = \frac{\pi Dn}{1000}(\mathrm{m/min}) = \frac{\pi Dn}{1000 \times 60}\quad(\mathrm{m/s})$$

（2）进给量（f）。

工件每旋转一周,车刀沿进给运动方向上移动的距离,单位为 mm/r。

（3）切削深度（a_p）。

切削深度是指工件待加工面与已加工面间的垂直距离,单位为 mm。可用下式表达:

$$a_\mathrm{p} = \frac{D-d}{2}\quad(\mathrm{mm})$$

式中:D、d 分别为工件待加工面和已加工面的直径（mm）。

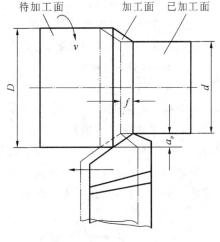

图 3-3　切削要素

二、卧式车床基本知识

1. 卧式车床的型号

车床的型号是用来表示车床的类别、特征、组系和主要参数的代号。按照 GB/T

15375—2008《金属切削机床　型号编制方法》的规定,车床型号由汉语拼音字母及阿拉伯数字组成,其表示方法如下:

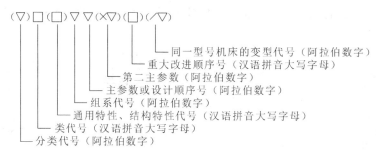

带括号的代号或数字,当无内容时则不表示;若有内容则不带括号。例如 C6136A,其中

C——类代号:车床类;

61——组系代号:卧式;

36——主参数:床身上最大工件回转直径的 1/10(直径为 360 mm);

A——重大改进顺序号,第一次重大改进。

本标准颁布前的机床型号编制办法因有不同规定,其型号表达方法也不同。例如 C618,其中

C——车床;

6——普通型(即 GB/T 15375—2008 中的卧式);

18——车床导轨面距主轴线高度为 180 mm。

2. 卧式车床的组成部分及作用

卧式车床的组成部分主要有:床头箱(主轴箱)、进给箱、溜板箱、光杠、丝杠、刀架、尾架、床身及床腿等,如图 3-4 所示。

(1) 床头箱。

床头箱又叫主轴箱,内装主轴和主轴变速结构。电动机的运动经三角胶带传给床头箱,再经过内部主轴变速结构将运动传给主轴,通过变换床头箱外部手柄的位置来操纵变速结构,使主轴获得不同的转速。而主轴的旋转运动又通过挂轮机结构传给进给箱。

主轴为空心结构,前部外锥面用于安装卡盘和其他夹具来装夹工件,内锥面用于安装顶尖来装夹轴类工件,内孔可传入棒料。

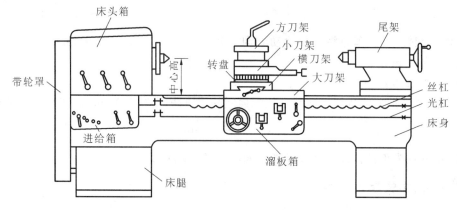

图 3-4　C6132 卧式车床

（2）进给箱。

进给箱又称走刀箱,内装有进给运动的变速结构,通过调整外部手柄的位置,可获得所需的各种不同进给量或螺距（单线螺纹,对多线螺纹为导程）。

（3）光杠和丝杠。

光杠和丝杠用于将进给箱内运动传给溜板箱。光杠传动用于回转体表面的机动进给车削;丝杠传动用于螺纹车削。可通过进给箱外部的光杠和丝杠变换手柄来控制。

（4）溜板箱。

溜板箱又称拖板箱,是车床进给运动的操纵箱。内装有进给运动的分向机构,外部有纵横手动进给和机动进给及开合螺母等控制手柄。改变不同的手柄位置,可使刀架纵向或横向移动,机动进给车削回转体表面;或将丝杠传来的运动变换成车螺纹的走刀运动;或手动纵、横向运动。

（5）刀架。

刀架用来夹持车刀使其作纵向、横向或斜向进给运动,由大刀架、横刀架、转盘、小刀架和方刀架组成。大刀架又称大拖板,与溜板箱连接,带动车刀沿床身导轨作纵向移动;横刀架又称中拖板,带动车刀沿大刀架上面的导轨作横向移动,手动时可转动横向进给手柄;转盘上面刻有刻度,与横刀架用螺栓连接,松开螺母可在水平面内回转任意角度;小刀架又称小拖板,转动小刀架进给手柄可沿转盘面上作短距离移动,如转盘回转一定角度,车刀可斜向运动;方刀架用来装夹和转换刀具,可同时装夹 4 把车刀。

（6）尾架。

尾架又称尾座,其底面与床身导轨接触,可调整并固定在床身导轨面上的任意位置上。在尾架套筒内装上顶尖可夹持轴类工件,装上钻头或铰刀可用来钻孔或铰孔。

（7）床身。

床身是车床基础零件,用以连接各主要部件并保证其相对位置。床身上的导轨用来引导溜板箱和尾架的纵向移动。

（8）床腿。

床腿用于支承床身,并与地基连接。

3. 卧式车床的传动

图 3-5 所示的是 C6136 卧式车床的传动系统图。其传动路线为

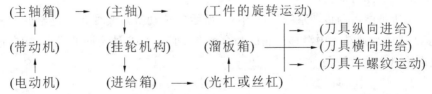

这里有两条传动路线:一条是电动机转动经带传动,再经床头箱中的主轴变速结构把运动传给主轴,使主轴产生旋转运动。这条运动传动系统称为主运动传动系统。另一条是主轴的旋转运动经挂轮结构、进给箱中的齿轮变速结构、光杠或丝杠、溜板箱把运动传给刀架,使刀具纵、横向移动或车螺纹。这条传动系统称为进给传动系统。

（1）主运动传动系统。

C6136 车床主运动传动系统为

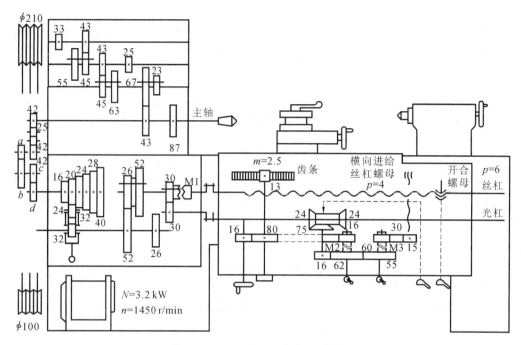

图 3-5　C6136 卧式车床传动系统图

$$\text{电动机} \rightarrow \frac{\phi 100}{\phi 210} \rightarrow \left\{\begin{array}{c}\frac{33}{55} \\ \frac{43}{45}\end{array}\right\} \rightarrow \left\{\begin{array}{c}\frac{43}{45} \\ \frac{25}{63}\end{array}\right\} \rightarrow \left\{\begin{array}{c}\frac{67}{43} \\ \frac{23}{87}\end{array}\right\} \rightarrow \text{主轴}$$

改变各个主轴变速手柄的位置,即改变了滑移齿轮的啮合位置,可使主轴得到 8 种不同的正转。反转由电动机直接控制。其中主轴正转的极限转速为

$$n_{\max} = 1450 \times \frac{100}{210} \times \frac{43}{45} \times \frac{43}{45} \times \frac{67}{43} \times 0.98 = 980(\text{r/min})$$

$$n_{\min} = 1450 \times \frac{100}{210} \times \frac{33}{55} \times \frac{25}{63} \times \frac{23}{87} \times 0.98 = 42(\text{r/min})$$

(2) 进给运动传动系统。

C6136 车床进给运动传动系统参见图 3-5 所示的传动链。改变各个进给变速手柄的位置,即改变了进给变速结构中滑移齿轮的啮合位置,可获得 12 种不同的纵向、横向进给量或螺距。其进给量变动范围是

纵向　　$f_{纵} = 0.043 \sim 2.37$ mm/r

横向　　$f_{横} = 0.038 \sim 2.1$ mm/r

如果变换挂轮的齿数,则可得到更多的进给量或螺距。

三、车工实训安全措施

车削加工是机加工的入门篇,所以在整个实训过程中,一定要注意以下的安全措施:

① 实训操作前,操作者应穿戴好合格的工作服,长头发压入帽内;

② 实训操作时,若两人共用一台车床,只能一人操作,并注意他人的安全;

③ 开车前,检验各手柄的位置是否到位,卡盘扳手使用完毕后,必须及时取下,确认正常后才准许开车;

④ 开车后,人不能靠近正在旋转的工件,更不能用手触摸工件的表面,也不能用量具测量工件的尺寸,以防止发生人身安全事故;

⑤ 开车时严禁变换车床主轴转速,以防损坏车床设备,车削时,小刀架应调整至合适位置,以防止小刀架导轨碰撞卡爪而发生人身、设备安全事故;

⑥ 纵、横向自动进给时,严禁大拖板或中拖板超过极限位置,以防拖板脱落或碰撞卡盘而发生人身、设备安全事故;

⑦ 万一发生事故,应立即断开车床电源;

⑧ 操作完后,应关闭电源,清除切屑,细擦机床,加油润滑,保持良好的工作环境。

【实训操作与思考】

1. 车削的运动特点和加工范围有哪些?

2. 什么叫切削用量?各要素的单位是什么?

3. 在实训教师的指导下,练习操纵如图 3-6 所示的 C6140 车床。(停车练习:正确变换主轴转速和进给量,熟悉纵、横向手动进给手柄的移动方向和纵、横向机动进给操作,尾架的操作,刻度盘的应用。低速开车练习:主轴启动,机动进给。)

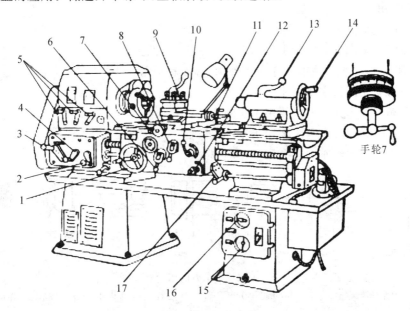

图 3-6 C6140 车床的操纵系统图

1—大拖板手轮;2—进给量调节手柄;3—进给量选择手柄;4—螺纹旋向调节手柄;5—变速手柄;6—自动走刀锁紧手柄;
7—中拖板手轮;8—车螺纹锁紧手柄;9—刀架;10—自动走刀与车螺纹转换手柄;11—小拖板手轮;
12—车螺纹模式转换开关;13—尾架锁紧手柄;14—尾架手轮;15—电源总开关;16—冷却泵开关;17—轴向行程挡块

4. 车床由哪些部分组成?各部分有什么作用?

5. 练习变换车床主轴转速:130 r/min、200 r/min、260 r/min;练习变换进给量:纵向 0.1 mm/r、0.15 mm/r、0.2 mm/r,横向 0.12 mm/r、0.18 mm/r、0.24 mm/r。

任务二　车削刀具

一、车刀的种类与用途

1. 车刀的种类

车刀的种类有很多,分类方法也不同。常按车刀的用途、形状或刀具材料等进行分类。车刀按用途分为外圆车刀、内孔车刀、端面车刀、切断或切槽刀、螺纹车刀、成形车刀等。车刀按其形状分为直头或弯头车刀、尖刀或圆弧车刀、左或右偏刀等。车刀按其材料分为高速钢车刀和硬质合金车刀等。

按被加工表面精度的高低,车刀可分为粗车刀和精车刀(如弹簧光刀)。车刀按其结构分为整体式、焊接式和机械夹固式三类。整体式车刀的刀头和刀体为整体且为相同材质(一般为高速钢),刀头的切削部分经过刃磨而获得,切削刃用钝后可经过刃磨而重新变锋利。焊接式车刀是将硬质合金或其他刀片焊接到刀头上,有多种形状和规格的硬质合金刀片可供选择。机械夹固式车刀按其能否刃磨又分为重磨式和不重磨式(转位式)车刀,转位式车刀是将多切削刃的硬质合金或其他刀片用机械夹固的方法安装在刀头,某一切削刃磨损后,只需转动刀片并重新紧固,就可用另一切削刃切削,切削刃磨损后也可更换刀片。

2. 车刀的用途

车刀的用途如图 3-7 所示。

① 90°偏刀。90°偏刀主要用于车削外圆、台阶、外圆锥和端面。

② 45°偏刀。45°偏刀主要用于车削外圆、端面和倒角。

③ 切断刀。切断刀主要用于切断或车槽。

④ 内孔车刀。内孔车刀主要用于车削内孔。

⑤ 成形车刀。成形车刀主要用于车削成形面。

⑥ 螺纹车刀。螺纹车刀主要用于车削螺纹。

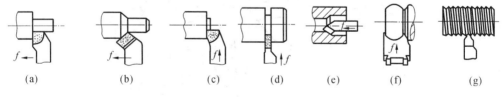

(a)　　　　　(b)　　　　　(c)　　　　(d)　　　　(e)　　　　(f)　　　　(g)

图 3-7　车刀的用途

(a) 90°偏刀车外圆　(b) 45°偏刀车外圆　(c) 车端面　(d) 切断　(e) 车内孔　(f) 车成形面　(g) 车螺纹

二、车刀的组成及几何角度

1. 车刀的组成

车刀由刀头和刀杆两部分组成,如图 3-8 所示。

刀头是车刀的切削部分,刀杆是车刀的夹持部分。车刀的切削部分由一尖、两刃、三面组成。

一尖指刀尖,是主切削刃与副切削刃的交点。实际上刀尖是一段圆弧过渡刃。另外,为了增加刀尖的强度,改善散热条件,一般在刀尖处磨有圆弧或直线过渡刃。通常副切削刃接

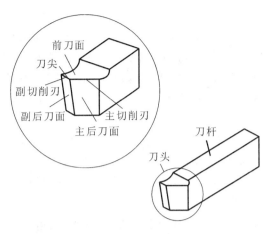

图 3-8　车刀的组成

近刀尖处的一段平直切削刃称为修光刃。装刀时必须使修光刃与进给方向平行,且修光刃长度要大于进给量,才能达到修光的作用。

两刃由主切削刃和副切削刃组成,主切削刃是前刀面与主后刀面的交线,它担负着主要切削任务,又称主刀刃;副切削刃是前刀面与副后刀面的交线,它担负着少量的切削任务,又称副刀刃。

三面是指前刀面、主后刀面和副后刀面。前刀面是切屑沿着它流出的面,也是车刀刀头的上表面;主后刀面是与工件切削加工面相对的那个表面;副后刀面是与工件已加工面相对的那个表面。

2. 车刀的几何角度

1) 确定车刀角度的辅助平面

为了确定车刀切削刃及前后刀面在空间的位置,即确定车刀的几何角度,必须要建立三个互相垂直的坐标平面(辅助平面):基面、切削平面和主剖面,如图 3-9 所示。车刀在静止状态下,基面是过工件轴线的水平面。切削平面是过主切削刃的铅垂面。主剖面是垂直于基面和切削平面的铅垂面。

2) 车刀的主要角度及合理选用

车刀切削部分在辅助平面中的位置形成了车刀的几何角度。车刀的主要角度有前角 γ_o、主后角 α_o、主偏角 κ_r、副偏角 κ'_r,如图 3-10 所示。

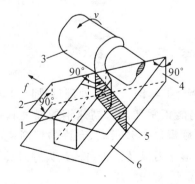

图 3-9　车刀的辅助平面

1—车刀;2—基面;3—工件;4—切削平面;5—主剖面;6—底平面

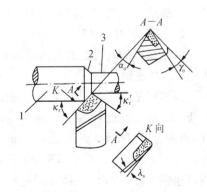

图 3-10　车刀的主要角度

1—待加工表面;2—加工表面;3—已加工表面

（1）前角 γ_0。

前角是在主剖面内基面（水平面）与前刀面之间的夹角。增大前角会使前刀面倾斜程度增加，切屑易流经前刀面，且变形小而省力。但前角也不能太大，否则会削弱刀刃强度，容易崩坏刀刃。一般选取 $\gamma_0 = -5° \sim 20°$，其大小取决于工件材料、刀具材料及粗、精加工等情况。工件材料和刀具材料愈硬，γ_0 取小值；精加工时，γ_0 取大值。

（2）主后角 α_0。

主后角是在主剖面内切削平面与主后刀面之间的夹角。其作用是减小车削时主后刀面与工件间的摩擦，降低切削时的震动，提高工件表面上的加工质量。一般选 $\alpha_0 = 3° \sim 12°$，粗加工或切削较硬材料时取小值，精加工或切削较软材料时取大值。

（3）主偏角 κ_r。

主偏角是进给方向与主切削刃在基面上的投影之间的夹角。其作用是改善切削条件和提高刀具寿命。减小主偏角，刀尖强度增加，散热条件改善，刀具使用寿命增加；但同时刀具对工件的径向力加大，会使工件变形而影响加工质量，不宜车削细长轴类工件。通常选取 $45°,60°,75°,90°$ 几种。

（4）副偏角 κ_r'。

副偏角是进给反方向与副切削刃在基面上的投影的夹角。其作用是减少副切削刃与已加工表面间的摩擦，以提高工件表面质量。一般选取 $\kappa_r' = 5° \sim 15°$。

3. 车刀的材料

1）对刀具材料的基本要求

（1）硬度高。

刀具切削部分的材料应具有较高的硬度，最低硬度要高于工件的硬度，一般在 60 HRC 以上。硬度越高，耐磨性越好。

（2）红硬性好。

刀具材料在高温下保持其原有硬度的性能要好。常用红硬温度来表示，红硬温度越高，在高温下的耐磨性能就越好。

（3）具有足够的强度和韧性。

为承受切削中产生的切削力或冲击力，防止产生振动和冲击，车刀材料应具有足够的强度和韧性，才不会发生崩刀。

一般的刀具材料如果硬度和红硬性好，在高温下必耐磨，但其韧性往往较差，不易承受冲击和振动。反之韧性好的材料往往硬度较低。

2）常用车刀的材料

常用车刀的材料主要有高速钢和硬质合金。

（1）高速钢。

高速钢是含有 W、Cr、V 等合金元素较多的高合金工具钢。经热处理后硬度可达 $62 \sim 65$ HRC，红硬温度可达 $500 \sim 600$ ℃，在此温度下仍能正常切削。高速钢的强度和韧性很好，刃磨后刃口锋利，能承受冲击和振动。但由于红硬温度不是很高，允许的切削速度一般为 $25 \sim 30$ m/min，常用于精车，或用来制造整体式成形车刀以及钻头、铣刀、齿轮刀具等。常用高速钢牌号有 W18Cr4V 和 W6Mo5Cr4V2 等。

（2）硬质合金。

硬质合金是用 WC、TiC、Co 等材料利用粉末冶金的方法制成的合金。它具有很高的硬度,硬度可达74~82 HRC。红硬温度高达850~1000 ℃,即在此温度下仍能保持其正常切削性能。但它的韧性很差,性脆,不易承受冲击和振动,易崩刃。由于红硬温度很高,因此允许的切削速度高达200~300 m/min,故使用硬质合金车刀,可以加大切削用量,进行高速强力切削,能显著提高生产率。虽然硬质合金的韧性较差,不耐冲击,但可以制成各种形式的刀片,将其焊接在45号钢的刀杆上或采用机械夹固的方式夹持在刀杆上,以提高使用寿命。所以,车刀的材料主要采用硬质合金。其他的刀具如钻头、铣刀等的材料也采用硬质合金。

常用的硬质合金代号有P01(YT30)、P10(YT5)、P30(YT5)、K01(YG3X)、K20(YG6)、K30(YG8)等,其含义可参见GB/T 2075—2007《切削加工用硬切削材料的分类和用途 大组和用途小组的分类代号》。

三、常用车刀的刃磨及安装

1. 常用车刀的刃磨

车刀用钝后,需重新刃磨,才能得到合理的几何角度和形状。通常车刀是在砂轮机上,用手工进行刃磨的,刃磨车刀的步骤如图3-11所示。

(1)磨主后刀面。

按主偏角大小把刀杆向左偏斜,再将刀头向上翘,使主刀面自下而上慢慢接触砂轮。

(2)磨副后刀面。

按副偏角大小把刀杆向左偏斜,再将刀头向上翘,使副刀面自下而上慢慢接触砂轮。

(3)磨前刀面。

先把刀杆尾部下倾,再按前角大小倾斜前刀面,使主切削刃与刀杆底面平行或倾斜一定角度,再使前刀面自下而上慢慢接触砂轮。

(4)磨刀尖圆弧过渡刃。

刀尖上翘,使过渡刃有后角,为防止圆弧刃过大,需轻靠或轻摆刃磨。

经过刃磨的车刀,用油石加少量润滑油对切削刃进行研磨,可以提高刀具的耐用度和加工工件的表面质量。刃磨车刀时的注意事项如下:

① 刃磨时,两手握稳车刀,轻轻接触砂轮,不能用力过猛,以免挤碎砂轮造成事故。

② 利用砂轮的圆周进行磨削,要经常左右移动,防止砂轮出现沟槽。

③ 不要用砂轮侧面磨削,以免受力后使砂轮破碎。

④ 磨硬质合金车刀时,不要沾水,以防刀片收缩变形而产生裂纹,磨高速钢车刀时,则需沾水冷却,使磨削温度降下来,防止刀具变软。

⑤ 人要站在砂轮侧面以防止砂轮崩裂伤人,磨好后要随手关闭电源。

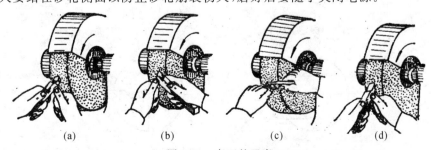

| (a) | (b) | (c) | (d) |

图3-11 车刀的刃磨

(a)磨主后刀面 (b)磨副后刀面 (c)磨前刀面 (d)磨刀尖圆弧

2. 常用车刀的安装

将刀架安装面、车刀及垫片用棉纱擦干净,把车刀安装在刀架上,车刀垫片应平整,无毛刺,厚度均匀。车刀下面的垫片应尽量少,垫片应与刀架的边缘对齐,且至少要用两个螺钉压紧。在不影响观察的前提下,车刀伸出部分的长度尽量短些,以增强其刚度。伸出长度以刀杆厚度的1~1.5倍为宜,如图3-12所示。车刀伸出过长,刀杆的刚度相对较弱,车削时容易产生振动,影响工件加工表面质量,甚至会使车刀损坏,图3-13所示。

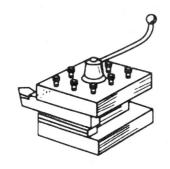
图 3-12　车刀正确装夹

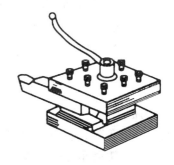
图 3-13　车刀伸出过长

车刀刀杆中心线应与进给方向垂直,保证车刀有合理的主、副偏角,如图3-14所示。

车刀的刀尖应与工件回转中心等高,如图3-15所示。若车刀的刀尖高于工件回转中心,会使车刀的实际后角减小,车刀后刀面与工件间的摩擦增大,如图3-16所示。若车刀的刀尖低于工件回转中心,会使车刀的实际前角减小,切削面阻力增大,车削不顺利,如图3-17所示。在车削端面至中心时会在工件上形成凸头,如图3-18所示,造成刀尖崩碎,如图3-19所示。

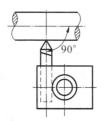
图 3-14　刀杆中心线与进给方向垂直

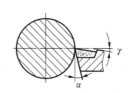
图 3-15　刀尖对准工件回转轴线

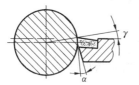
图 3-16　刀尖过高

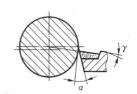
图 3-17　刀尖过低

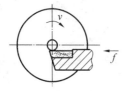
图 3-18　工件形成凸头

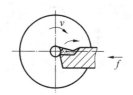
图 3-19　刀尖崩碎

车刀刀尖对准工件回转中心高度的方法主要有以下几种。

① 根据车床中心高,用钢直尺测量装刀,如图 3-20 所示。这种方法较方便。

② 利用车床尾座后顶尖对中心高,装夹车刀,如图 3-21 所示。

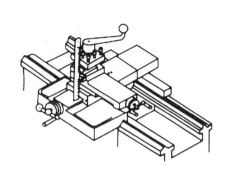

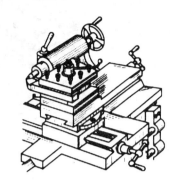

图 3-20 用钢直尺测量中心高　　　　图 3-21 用车床尾座后顶尖对中心高

【实训操作与思考】

1.车刀按其用途和材料如何进行分类?

2.在实训教师的指导下,根据图 3-22 所示的车刀的几何形状及角度每人刃磨一把车刀。

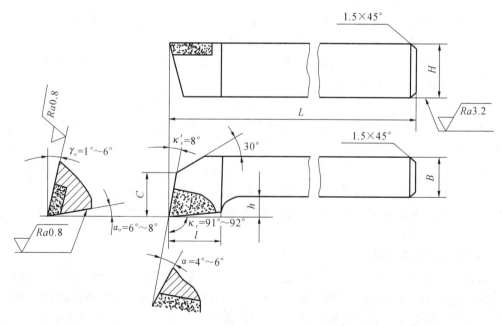

图 3-22 90°外圆车刀

3.在实训教师的指导下,在刀架上练习安装车刀,如图 3-23 所示。

(安装车刀时的注意事项:安装后的车刀刀尖必须与工件轴线等高,刀杆与工件轴线垂直,才能发挥刀具的切削效能。合理调整车刀的垫片数,不能过多,刀尖伸出的长度应小于车刀刀杆厚度的两倍,以免产生振动而影响加工质量。夹紧车刀的紧固螺栓至少拧紧两个,拧紧后扳手要及时取下,以防发生安全事故。)

4.刃磨和安装车刀时的注意事项有哪些?

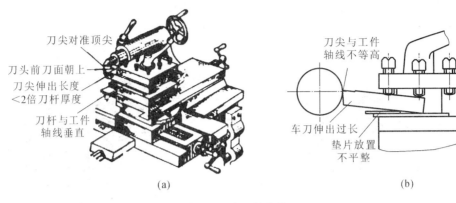

图 3-23 车刀的安装

（a）正确 （b）错误

任务三 车床夹具

一、工件在车床上的装夹方法

在车床上装夹工件的基本要求是定位准确、夹紧可靠。定位准确就是工件必须有一个正确位置，即车削的回转体表面中心应与车床主轴中心重合。夹紧可靠就是夹牢后能承受切削力，不改变定位并保证安全。在车床上常用三爪自定心卡盘、四爪单动卡盘、顶尖、中心架、跟刀架、心轴、花盘和弯板等附件来装夹工件。在成批、大量生产中还可用专用夹具装夹工件。

1. 三爪自定心卡盘装夹工件

三爪自定心卡盘是车床上最常用的附件，其结构如图 3-24(a)所示。当用方头卡盘扳手插入卡盘三个方孔中的任意一个转动小锥齿轮时，大锥齿轮随之转动，在大锥齿轮背面平面螺纹的作用下，三个爪同时向中心移动或退出，以夹紧或松开工件。其对中性好，自动定心准确度为 0.05～0.15 mm。用三爪卡盘装夹工件时必须装正夹牢，夹持长度通常不小于 10 mm。在车床开动后，工件不能有明显的摇摆、跳动，否则要重新装夹或找正。装夹直径较小的外圆表面的情况如图 3-24(b)所示。装夹较大直径的外圆表面时可用 3 个反爪进行装夹，如图 3-24(c)所示。

2. 四爪卡盘装夹工件

四爪卡盘外形如图 3-25(a)所示。它的四个爪通过四个螺杆独立移动，它们分别装在卡盘体的四个径向滑槽内，当扳手插入某一方孔内转动时，就带动该卡爪做径向移动。四爪单动爪盘比三爪自定心爪盘夹紧力大，装夹工件时，需四个卡爪分别调整，所以安装调整困难，但调整好时精度高于三爪卡盘装夹。除装夹圆柱体工件外，四爪卡盘还可以装夹方形、椭圆形及形状不规则的较大工件。装夹时，都必须用划线盘或百分表进行找正，使工件回转中心对准车床主轴中心。图 3-25(b)所示为用百分表找正，精度达 0.01 mm。

3. 双顶尖装夹工件

在车床上常用双顶尖装夹轴类工件，如图 3-26 所示。前顶尖为普通顶尖（死顶尖），装在主轴锥孔内，同主轴一起转动；后顶尖为活顶尖，装在尾架套筒内。工件利用中心孔被顶在前后顶尖之间，并通过拨盘和卡箍随主轴一起转动。

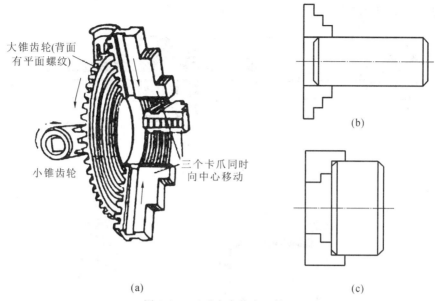

（a）

（b）

（c）

图 3-24 三爪卡盘装夹工件

（a）三爪卡盘 （b）正爪安装 （c）反爪安装

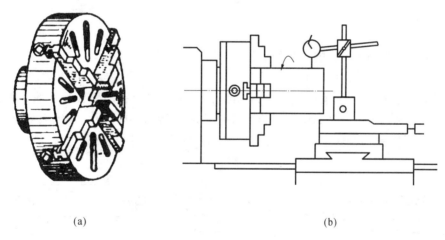

（a）

（b）

图 3-25 四爪卡盘装夹工件

（a）四爪卡盘 （b）用百分表找正图

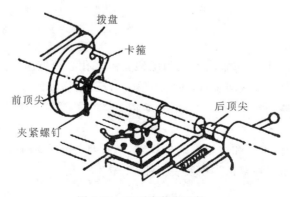

图 3-26 双顶尖装夹工件

顶尖的结构如图 3-27 所示。卡箍的结构如图 3-28 所示。

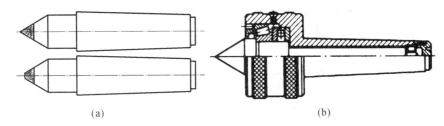

图 3-27 顶尖

(a) 普通顶尖 (b) 活顶尖

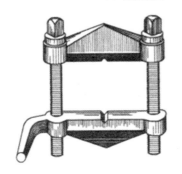

图 3-28 卡箍

用双顶尖装夹轴类工件的步骤如下。

（1）车平两端面、钻中心孔。

先用车刀把端面车平，再用中心钻钻中心孔，中心钻安装在尾架套筒内的钻夹头中，随套筒纵向移动钻削。中心钻和中心孔的形状如图 3-29 所示。中心孔 60°锥面与顶尖锥面配合支承，B 型 120°锥面是保护锥面，防止 60°锥面碰坏而影响定位精度。

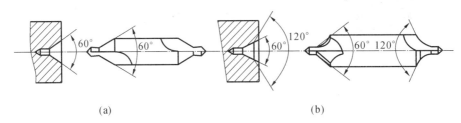

图 3-29 中心钻与中心孔

（a）A 型 （b）B 型

（2）安装、校正顶尖。

安装时，顶尖尾部锥面、主轴内锥孔和尾架套筒锥孔必须擦净，然后把顶尖用力推入锥孔内。校正时，可调整尾架横向位置，使前后顶尖对准为止，如图 3-30 所示。如果前后顶尖不对准，轴将车成锥体。

（3）安装拨盘和工件。

首先擦净拨盘的内螺纹和主轴端的外螺纹，把拨盘拧在主轴上。再把轴的一端装上卡箍，拧紧卡箍螺钉。最后在双顶尖中安装工件，如图 3-31 所示。

4. 心轴的使用

盘套类零件的外圆和端面对内孔常有同轴度及垂直度要求，若相关表面无法在三爪卡

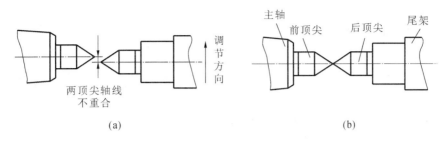

图 3-30　校正顶尖

（a）调整双顶尖轴线　（b）调整后双顶尖轴线重合

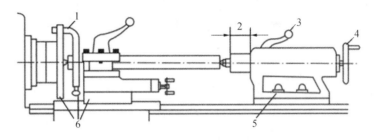

图 3-31　安装工件

1—拧紧卡箍；2—调整套筒伸出的长度；3—锁紧套筒；4—调节工件顶尖松紧；

5—将尾架固定；6—将刀架移到车削行程左端，转动拨盘，检查是否会碰撞

盘上一次装夹，并与孔同时精加工，则需要在孔精加工后再以孔定位，即将工件装夹到心轴上再加工其他有关表面，以保证上述要求。心轴的种类很多，常用的有圆柱心轴、锥度心轴和可胀心轴。心轴在前后顶尖上的装夹方法与轴类零件相同。

（1）圆柱心轴。

当工件的长度比孔径小时，常用圆柱心轴装夹，如图 3-32 所示。当工件装入心轴后，加上垫圈用螺母锁紧，其夹紧力较大，但由于孔与心轴之间有一定的配合间隙，所以对中性较锥度心轴差。减小孔与心轴的配合间隙可提高加工精度。圆柱心轴可一次装夹多个工件，从而实现多件加工。

（2）锥度心轴。

锥度心轴如图 3-33 所示，其锥度为 1∶5000～1∶1000。工件压入后，靠摩擦力与心轴紧固。锥度心轴对中准确，装卸方便，但由于切削力是靠心轴面与工件孔壁压紧后的摩擦力传递的，所以背吃刀量不宜过大。锥度心轴主要用于单个工件的装夹及精车。

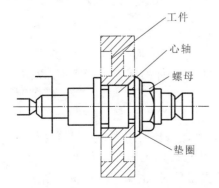

图 3-32　用圆柱心轴装夹工件

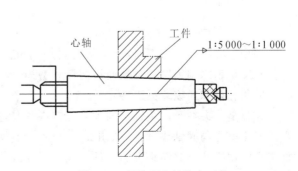

图 3-33　用锥度心轴装夹工件

（3）可胀心轴。

图 3-34 所示为可胀心轴,可直接装在主轴锥孔内。工件装在可胀锥套上,拧动螺母,利用锥套沿锥体心轴的轴向移动使其胀开,撑住工件内孔。可胀锥套胀紧工件前,二者之间有 0.5～1.5 mm 的间隙,故装卸工件方便迅速,但工件的对中性与可胀锥套的质量有很大关系。

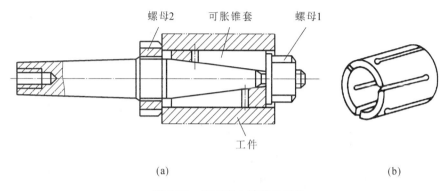

图 3-34　用可胀心轴装夹工件

（a）可胀心轴结构图　（b）可胀锥套

5. 中心架和跟刀架的使用

加工细长轴时,为了防止工件弯曲变形或产生振动,需要用中心架或跟刀架增加工件的刚度,以减少工件的变形。

如图 3-35 所示,中心架固定在车床床身上,先在被支承的工件支承处车出一小段光滑表面,然后调整中心架的三个支承爪与其接触。

跟刀架与中心架不同,它固定在床鞍上,车削时与刀架一起移动,如图 3-36 所示。跟刀架适合于光轴加工,使用前需要先在工件上靠后顶尖的一端车出一小段外圆,并根据它来调节支承爪的位置和松紧,支承爪过松不起作用,过紧则会使加工表面出现竹节形;调整好后再车出工件的全长。

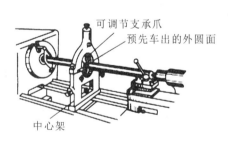

图 3-35　中心架的作用

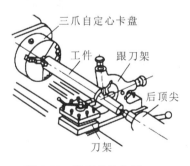

图 3-36　跟刀架的作用

使用中心架或跟刀架时,被支承处要加润滑油进行润滑,工件的转速不能太高,以防止工件与支承爪之间因摩擦过热而被烧坏和磨损。

6. 用花盘和角铁装夹工件

花盘是装夹在车床主轴上的大直径铸铁圆盘,盘面上有许多长槽用来穿入压紧螺栓,花盘端面平整并与其轴线垂直,如图 3-37 所示。花盘适合装夹待加工平面与装夹面平行、待加工孔的端线与装夹面垂直的工件。利用花盘或角铁装夹工件时,也需仔细找正。同时,为减少质量偏心引起的振动,应加平衡块。

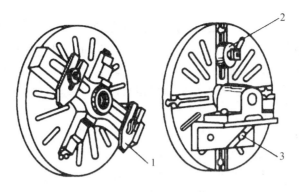

图 3-37 用花盘和角铁装夹工件

1—压板；2—平衡块；3—角铁

【实训操作与思考】

1.车床上用于装夹工件的方法有哪些？其装夹特点是什么？如何选用？

2.固定顶尖和回转顶尖各应用于什么场合？

3.采用一夹一顶方式装夹工件时应注意哪些事项？

4.在实训教师的指导下，练习用四爪单动卡盘在 CA6140 车床上装夹工件。

任务四　车外圆、车端面、车台阶

一、车外圆

将工件车削成圆柱形外表面的方法称为车外圆。车外圆的几种情况如图 3-38 所示。

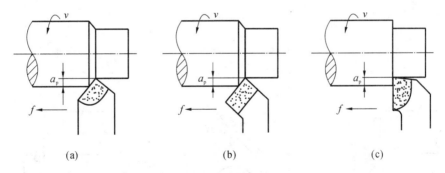

（a）　　　　　　　　（b）　　　　　　　　（c）

图 3-38 外圆车削

（a）尖刀车外圆 （b）弯刀车外圆 （c）偏刀车外圆

车削一般采用粗车和精车两个步骤。

1. 粗车

粗车的目的是尽快地从工件上切去大部分加工余量，使工件接近最后的形状和尺寸。粗车要给精车留有适当的加工余量，其精度和表面粗糙度要求并不高，因此粗车的任务是提高生产率。为了保证刀具耐用，减少刃磨次数，粗车时，要先选用较大的切削深度，其次根据可能，适当加大进给量，最后选取合适的切削速度。粗车一般选用尖头刀或弯头刀车削。

2. 精车

精车的目的是切去粗车给精车留下的加工余量,以保证零件的尺寸公差和表面粗糙度。精车后尺寸公差等级可达 IT7 级,表面粗糙度 $Ra=1.6~\mu m$。对于尺寸公差等级和表面粗糙度要求更高的表面,精车后还需进行磨削加工。在选择切削用量时,首先选取合适的切削速度(高速或低速),再选取进给量(较小),最后根据工件尺寸来确定切削深度。

精车时为了保证工件的尺寸精度和降低粗糙度可采取下列几点措施。

① 合理地选择精车刀的几何角度及形状。如加大前角使刃口锋利,减小副偏角和刀尖圆弧使已加工表面残留面积减少,用油石磨光前后刀面及刀尖圆弧等。

② 合理地选择切削用量。如加工钢等塑性材料时,采用高速或低速切削可防止出现积屑瘤,采用较小的进给量和切削深度可减少已加工表面的残留面积。

③ 合理地使用冷却润滑液。如低速精车钢件时用乳化液润滑,低速精车铸件时用煤油润滑等。

④ 采用试切法切削。试切法就是通过试切—测量—调整—再试切反复进行,使工件达到尺寸要求为止的加工方法。由于横向刀架丝杠及其螺母螺距与刻度盘的刻线均有一定的制造误差,只按刻度盘确定切深难以保证精车的尺寸公差。因此,需要通过试切来准确控制尺寸。此外,试切也可防止进错刻度而造成废品。图 3-39 所示为车削外圆工件时的试切方法与步骤。

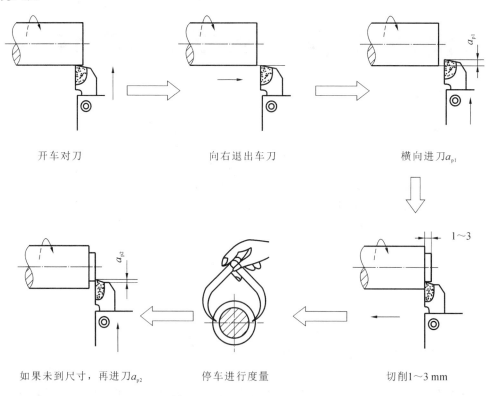

图 3-39　试切的方法和步骤

二、车端面

对工件端面进行车削的方法称为车端面。车端面采用端面车刀,开动车床使工件旋转,移动大拖板(或小拖板)控制切深,中拖板横向走刀进行车削。图 3-40 所示为端面车削时的几种情形。

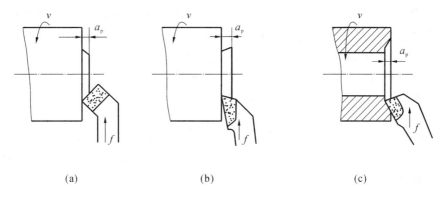

图 3-40　车端面

(a) 弯头车刀车端面　(b) 偏刀向中心车端面　(c) 偏刀向外车端面

车削端面时的步骤如下。

① 根据车削对象调整车削端面的切削用量。

② 开动车床使工件旋转,移动小拖板或床鞍使刀具触碰工件端面进行对刀。

③ 车刀横向退出后,控制背吃刀量。

④ 手动或机动作横向进给车削端面。

车端面时应注意:刀尖要对准工件中心,以免车出的端面留下小凸台;车削时被切部分的直径不断变化,会引起切削速度的变化,所以车大端面时要适当调整转速,使车刀靠近工件中心处的转速高些,靠近工件外圆处的转速低些。车后的端面不平整是由于车刀磨损或切削深度过大导致拖板移动所造成的,因此要及时刃磨车刀并可将大拖板紧固在床身上。

三、车台阶

台阶是有一定长度的圆柱面和端面的组合,很多轴、盘、套类零件上都有台阶。

车削台阶位置处的外圆和端面的方法称为车台阶。车台阶常用主偏角 $\kappa_r \geqslant 90°$ 的偏角车削,在车削外圆的同时车出台阶端面。台阶高度小于 5 mm 时可用一次走刀切去,高度大于 5 mm 的台阶可用分层法多次走刀后再横向切出,如图 3-41 所示。台阶长度的控制和测量方法如图 3-42 所示。

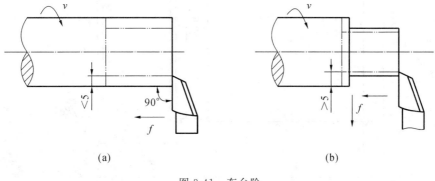

图 3-41　车台阶

(a) 一次车削　(b) 分层车削

如图 3-42 所示,通常控制台阶长度尺寸有以下几种方法。

(1) 用划线法控制台阶长度。

先用钢直尺或样板量出台阶的长度尺寸,用车刀刀尖在台阶的所在位置处车出细线,车削时刀具走到细线处即可,如图 3-42(a) 所示。

(2) 用挡铁控制台阶长度。

在大批量生产台阶轴时,可用挡铁定位来控制台阶长度。

(3) 用床鞍纵向进给刻度盘控制台阶长度。

通常车削都可用此方法,车削时需要确定长度基准,床鞍进给刻度盘的增量即为车削长度,具体方法如下:用手摇动床鞍和中拖板的进给手柄,使车刀刀尖靠近工件的右端面,床鞍刻度近似对准"0",反摇床鞍使刀尖离开工件 2～3 mm,正摇床鞍精确对准"0",摇动小拖板使刀尖和工件端面接触,长度基准即确定,但小拖板不能再进行移动。

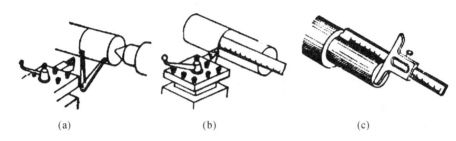

(a)　　　　　　　　　　(b)　　　　　　　　　　(c)

图 3-42　台阶长度的控制和测量

(a) 卡钳测量　　(b) 钢尺测量　　(c) 深度尺测量

【实训操作与思考】

1. 在实训教师的指导下,练习车削图 3-43 所示的工件。

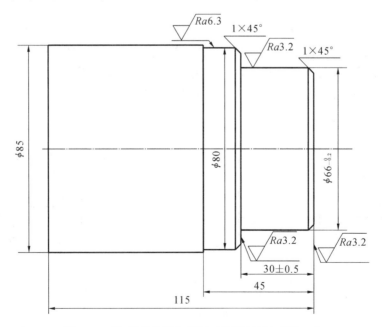

图 3-43　粗、精车外圆和端面工件图(材料:HT150)

首先粗车外圆及端面：选取直径为 90 mm 的灰铸铁棒料（HT150）为毛坯，粗车后的直径为 85 mm、长度为 120 mm。加工步骤如下：

① 装夹工件。因铸件毛坯表面不规则，用三爪卡盘装夹时，一定要使三个爪全部接触外圆表面后再夹紧，以防松动。

② 安装车刀。选用主偏角 $\kappa_r = 45°$ 的外圆车刀，按要求安装在小刀架上。

③ 切削用量。$a_p = 1 \sim 2.5$ mm，$f = 0.15 \sim 0.4$ mm/r、$v = 40 \sim 60$ m/min（$n = 150 \sim 225$ r/min），按此用量来调整车床。

④ 粗车端面及外圆。先车一端的端面和外圆，再调头装夹车另一端面和外圆。车第一刀的切削深度要大于硬皮的厚度，以防刀具磨损。外圆尺寸可用试切法控制。

然后再粗、精车外圆和端面：以粗车后的铸铁棒为坯料，按图 3-43 所示工件的尺寸和粗糙度要求，进行粗、精车外圆和端面。加工步骤如下：

① 装夹工件。用三爪卡盘夹紧工件，其夹紧长度为 50 mm 左右。

② 安装车刀。选用主偏角 $\kappa_r = 45°$ 和 $\kappa_r \geq 90°$ 的偏刀两把，按要求装在小刀架上。

③ 切削用量。精车铸件的切削用量为 $a_p = 0.3 \sim 0.5$ mm，$f = 0.05 \sim 0.2$ mm/r，$v = 60 \sim 100$ m/min（$n = 285 \sim 476$ r/min）。精车时按此用量调整车床。

④ 粗、精车端面和外圆。先用 45°外圆端面车刀车端面，见平即可。再用 90°外圆偏刀粗、精车外圆及台阶端面，先粗车 $\phi 67$ mm×29 mm 尺寸，最后用试切法精车 $\phi 66$ mm×（30±0.5）mm 尺寸。车好后用 45°车刀倒角。

最后车台阶和钻中心孔，如图 3-43 所示的工件车好后，以它为坯料，按图 3-44 所示工件的尺寸、形位公差要求进行车削台阶和钻中心孔。

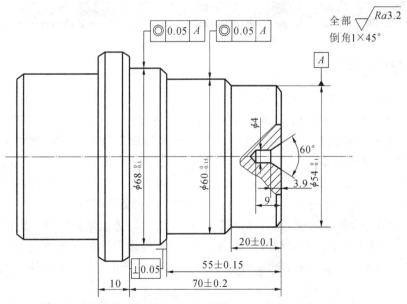

图 3-44　车外圆、车端面、车台阶和钻孔的工件图（材料：HT150）

加工步骤如下：

① 以 $\phi 66$ mm 和长度为（30±0.5）mm 台阶面为定位精基准。

② 车端面，保证长度为 80 mm。

③ 钻 $\phi 4$ mm 中心孔。

④ 粗、精车 $\phi 68$ mm×（70±0.2）mm 台阶尺寸。

⑤ 粗、精车 ϕ60 mm×(55±0.15)mm 台阶尺寸。

⑥ 粗、精车 ϕ54 mm×(20±0.1)mm 台阶尺寸。

⑦ 倒角。

2. 观看实训指导教师采用中心架或跟刀架车削细长轴类工件,如图 3-45 所示。

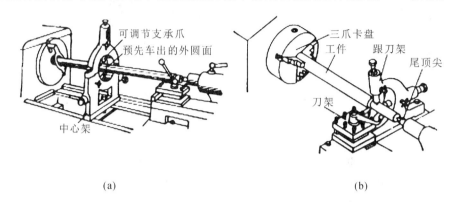

(a)　　　　　　　　　　　　　　　(b)

图 3-45　中心架和跟刀架的应用

(a) 中心架的应用　(b) 跟刀架的应用

3. 工件外尺寸为 ϕ67 mm,要一刀车成 ϕ66.5 mm,对刀后横向进给手柄应转过多少小格?

4. 车外圆时为什么要分为粗车和精车? 粗车和精车应如何选择切削用量?

5. 测量外径尺寸有哪些方法? 能否用外卡钳测量并保证其测量误差在 0.03～0.05 mm 内?

任务五　车圆锥

一、圆锥的种类及作用

在机床与工具中,圆锥面配合应用非常广泛。其主要配合特点是当圆锥面的锥角小于 3°时,可以传递较大的转矩,圆锥面配合同轴度较高,装拆方便,如车床主轴锥孔与顶尖的配合、车床尾座锥孔与麻花钻锥柄的配合等。圆锥按其用途分为一般用途和特殊用途两类。一般用途圆锥的圆锥角 α 较大时,直接用角度表示,如:30°、45°、60°、90°等;圆锥角较小时,可以用锥度 C 表示,如:1:5、1:10、1:20、1:50 等。特殊用途圆锥是根据某种要求专门定制的,如:7:24、莫氏锥度等。圆锥按其形状又分为内圆锥和外圆锥。

圆锥面配合不但拆卸方便,还可以传递扭矩,多次拆卸仍能保证准确的定心作用,所以应用很广。如:顶尖和中心孔的配合圆锥角 α=60°,易拆卸零件的锥面锥度 C=1:5,工具尾柄锥面锥度 C=1:20,机床主轴锥孔锥度 C=7:24,特殊用途圆锥还应用于纺织、医疗等行业。

二、圆锥各部分名称、代号及计算公式

圆锥体和圆锥孔的各部分名称、代号及计算公式均相同,圆锥体的主要尺寸如图 3-46 所示。圆锥的锥度和斜度计算为

锥度　$$C = \frac{D-d}{l} = 2\tan\frac{\alpha}{2}$$

$$斜度 \quad S = \frac{D-d}{2l} = \tan \frac{\alpha}{2}$$

式中： α——圆锥的锥角，$\alpha/2$ 为斜角（半锥角）；

l——锥面轴向长度（mm）；

D——锥面大端直径（mm）；

d——锥面小端直径（mm）。

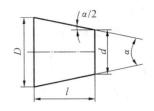

图 3-46 圆锥体主要尺寸

三、车圆锥的方法

车圆锥的方法很多，主要有：转动小刀架法、尾架偏移法、宽刃车刀车削法、靠模法等。除宽刃车刀车削法外，其他几种车圆锥的方法都是使刀具的运动轨迹与工件轴线相交成斜角 $\alpha/2$，加工出所需的圆锥体。

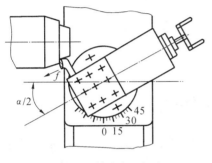

图 3-47 转动小刀架法

1. 转动小刀架法

转动小刀架法是根据工件的锥度 C 或斜角 $\alpha/2$，将小刀架板转 $\alpha/2$ 角，紧固后，摇动小刀架手柄，使车刀沿圆锥面的母线移动，车出所需锥面，如图 3-47 所示。这种方法操作简单，能加工锥角很大的内外圆锥面，但由于受小刀架行程的限制，不能加工较长的锥面，而且操作中只能手动进给，不能机动进给，所以粗糙度很难控制。

2. 尾架偏移法

尾架偏移法是根据工件的锥度 C 或斜角 $\alpha/2$，把尾架顶尖偏移一个距离 s，使工件旋转轴线与车床主轴线交角等于斜角 $\alpha/2$，利用车刀纵向进给，车出所需的锥面，如图 3-48 所示。

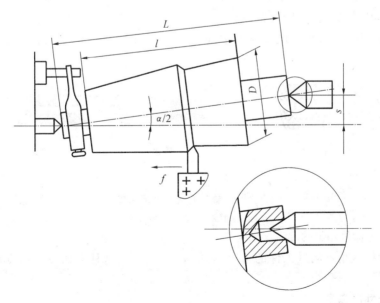

图 3-48 尾架偏移法车锥度

尾架偏移量

$$s = L \times \frac{C}{2} = L \times \frac{D-d}{2l} = L \times \tan \frac{\alpha}{2}$$

式中： L——工件长度(mm)。

尾架偏移法能加工较长工件上的锥面,并能机动进给,但不能加工锥孔,一般斜角不能太大, $\alpha/2 < 8°$。尾架偏移法常用于单件或成批生产。成批生产时,应保证工件的总长及中心孔的深度一致,否则在相同偏移量下会出现锥度误差。

3. 宽刃车刀车削法

靠刀具的刃形(角度及长度)横向进给车出所需的圆锥面的方法称为宽刃车刀车削法。这种方法径向切削力大,易引起振动,适合加工刚度好、锥面长度短的圆锥面。

4. 靠模法

在大批量生产中,常用靠模装置控制车刀进给方向,车出所需圆锥。靠模上的滑块可以沿靠模滑动,而滑块通过连接板与拖板连接在一起,中拖板上的丝杠与螺母脱开,小拖板转动90°,背吃刀量靠小拖板调节。当拖板作纵向自动进给时,滑块就沿着靠模滑动,从而使车刀的运动平行于靠模板,车出所需锥面。靠模法可以加工锥角小于12°的长圆锥面,加工进给平稳,工件表面质量好,生产效率高。

四、圆锥面工件的测量

圆锥面的测量主要是测量圆锥斜角(或圆锥角)和锥面尺寸。

1. 圆锥角度的测量

调整车床试切后,需测量锥面角度是否正确。如不正确,需重新调整车床,再试切直至测量的锥面角度符合图样要求为止,才进行正式车削。常用以下两种方法测量锥面角度。

(1)锥形套规或锥形塞规测量。

锥形套规用于测量外锥面,锥形塞规用于测量内锥面。测量时,先在套规或塞规的内外锥面上涂上显示剂,再与被测锥面配合,转动量规,拿出量规观察显示剂的变化。如果显示剂摩擦均匀,说明圆锥接触良好,锥角正确。如果套规的小端擦着显示剂,大端没擦着显示剂,说明圆锥角小了(塞规与此相反),要重新调整车床。锥形套规与锥形塞规如图3-49所示。

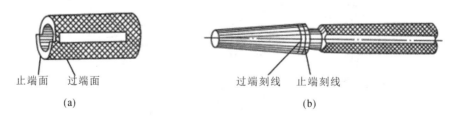

止端面　过端面　　　　　　　　　　过端刻线　止端刻线

(a)　　　　　　　　　　　　　　　　　(b)

图3-49　锥形套规与锥形塞规

(a)锥形套规　(b)锥形塞规

(2)万能游标量角器测量。

用万能游标量角器测量工件的角度,如图3-50所示。这种方法测量角度范围大,测量精度为 $5' \sim 2'$。

2. 锥面尺寸的测量

锥角达到图样要求以后,再进行锥面长度及其大小端的车削。常用锥形套规测量外锥面的尺寸,如图3-51所示;用锥形塞规测量内锥面的尺寸,如图3-52所示。此外,还可用卡尺测量锥面的大端或小端的直径来控制锥体的长度。

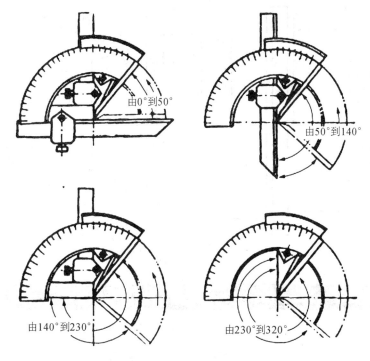

图 3-50　万能游标量角器测量角度

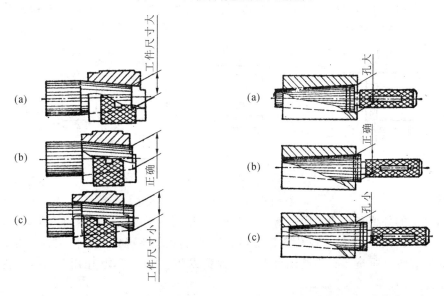

图 3-51　锥形套规测量外锥面尺寸　　　图 3-52　锥形塞规测量内锥面尺寸

【实训操作与思考】

1. 在实训教师的指导下,以图 3-44 所示的工件为坯料,按图 3-53 所示工件图车削外锥面,保证其锥度 $C=1:5=2\tan\alpha/2$(斜角 $\alpha/2=5°43'$),大端外径 $D=54_{-0.1}^{0}$ mm。

2. 锥体的锥度和斜度有什么区别?它们之间有何联系?

3. 若锥度 C 为 1:10,试问小刀架应偏转多少度?

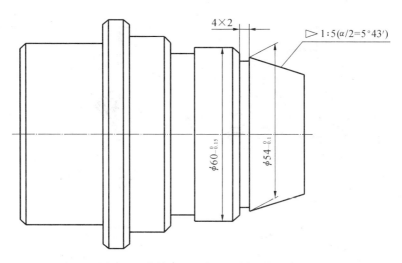

图 3-53　车外锥面工件图(材料:HT150)

任务六　切槽和切断

一、切槽

在工件表面上车削沟槽的方法称为切槽。可用车削加工的方法加工的槽的形状有外槽、内槽和端面槽等,如图 3-54 所示。

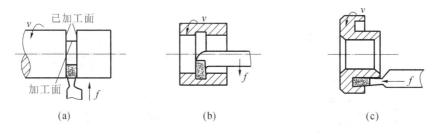

图 3-54　车槽的形状
(a) 车外槽　(b) 车内槽　(c) 车端面槽

通常轴上的外槽和孔的内槽多属于退刀槽,其作用是车削螺纹或进行磨削时便于退刀,否则无法加工。同时,往轴上或孔内装配其他零件时,也便于确定其轴向位置。端面槽的主要作用是减轻零件重量。有些槽还可以卡上弹簧或装上垫圈等,其作用要根据零件的结构和作用而定。

1. 切槽刀的角度及安装

切槽要用切槽刀进行车削,切槽刀的形状和几何角度如图 3-55(a) 所示。安装时,刀尖要对准工件轴线;主切削刃要平行于工件轴线;刀尖与工件轴线等高;两侧副偏角一定要对称相等(1°~2°);两侧刃副后角也需对称(0.5°~1°),不可一侧为负值,以防刮伤槽的端面或折断刀头。切槽刀的安装如图 3-55(b) 所示。

2. 切槽的方法

车削宽度为 5 mm 以下的窄槽时,可以用主切削刃的宽度等于槽宽的切槽刀,在一次横向进给中切出。车削宽度在 5 mm 以上的宽槽时,一般采用先分段横向粗车,最后一次横向

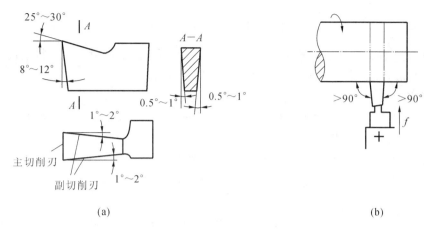

图 3-55 切槽刀及安装

（a）切槽刀 （b）切槽刀的安装

切削后，再进行纵向精车的加工方法，如图 3-56 所示。

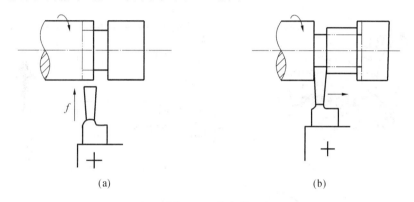

图 3-56 车宽槽

（a）横向粗车 （b）精车

3. 槽的尺寸测量

槽的宽度和深度采用卡钳和钢尺测量，也可用游标卡尺和千分尺测量。测量情况如图 3-57 所示。

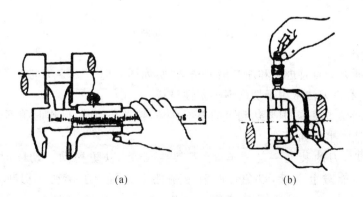

图 3-57 测量外槽

（a）用游标卡尺测量槽宽 （b）用千分尺测量槽的底径

二、切断

把坯料或工件分成两段或若干段的切削方法称为切断。主要用于圆棒料按尺寸要求下料，或把加工完毕的工件从坯料上切下来，如图 3-58 所示。

1. 切断刀

切断刀与切槽刀的形状相似，不同点是刀头窄而长，容易折断，因此，用切断刀也可以车槽，但不能用切槽刀来切断。

切断时，刀头伸进工件内部，散热条件差，排屑困难，易引起振动，若不注意，刀头就会折断，因此必须合理地选择切断刀。切断刀的种类很多，按材料可分为高速钢和硬质合金两种；按结构又分为整体式、焊接式、机械夹固式等多种。通常为了改善切削条件，常用整体式高速钢切断刀进行切断。图 3-59 所示为高速钢切断刀的几何角度。为了减少切断过程中产生的振动和冲击，也可用弹性切断刀切断，如图 3-60 所示。

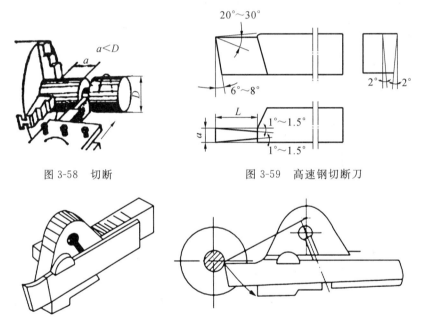

图 3-58　切断　　　　　　　图 3-59　高速钢切断刀

图 3-60　弹性切断刀

2. 切断方法

常用的切断方法有直进法和左右借刀法两种，如图 3-61 所示。直进法常用于切削铸铁等脆性材料，左右借刀法常用于切削钢等塑性材料。

车槽和切断操作简单，但要达到目的很不容易，特别是切断，操作时稍不注意，刀头就会折断。其操作注意事项如下：

① 工件和车刀的装夹一定要牢固，刀架要锁紧，以防松动。切断时，切断刀距卡盘稍近些，但不能碰上卡盘，以免切断时因刚性不足而产生振动。切断刀必须有合理的几何角度和形状。一般切钢时前角 $\gamma_o = 20° \sim 25°$，切铸铁时 $\gamma_o = 5° \sim 10°$，副偏角 $\kappa_r' = 1°30'$，主后角 $\alpha_o = 2°$，刀头宽度为 $3 \sim 4$ mm。刃磨时要特别注意两副偏角各自对应相等。

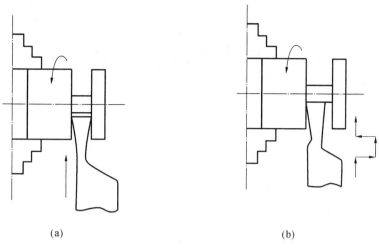

(a)   (b)

图 3-61　切断方法

（a）直进法　（b）左右借刀法

② 安装切断刀时刀刃一定要对准工件中心。如低于中心时,车刀还没有切至中心即被折断,如高于中心时,车刀接近中心时会被凸台顶住,不易切断,如图 3-62 所示。同时车刀伸出刀架不要太长,车刀中心线要与工件中心线垂直,以保证两侧副偏角相等。底面垫平,以保证两侧都有一定的副后角。

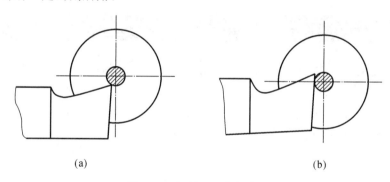

(a)   (b)

图 3-62　切断刀刀尖的位置

（a）刀尖偏低,刀头易断　（b）刀尖偏高,工件不易车断

③ 合理地选择切削用量,切削速度不宜过高或过低,一般 $v = 40 \sim 60$ m/min(外圆处)。手动进给切断时,进给要均匀;机动进给切断时,进给量 $f = 0.05 \sim 0.15$ mm/r。

④ 切钢时需要加冷却液进行冷却润滑,切铸铁时不加冷却液,但必要时可使用煤油进行冷却润滑。

【实训操作与思考】

1. 以图 3-44 所示的工件为坯料,按图 3-63 所示,车削 4 mm 宽的窄槽和 10 mm 宽的宽槽。车削时,因台阶的轴向尺寸已经车好,对刀时应注意不可再车削台阶的端面。窄槽用直进法车削,宽槽用多次横向粗车再精车的方法车削。槽的深度利用横向进给刻度来控制。

2. 试说明宽槽和窄槽的深度和宽度尺寸是如何保证的?

3. 切断时,切断刀易折断的原因是什么? 如何防止切断刀的折断?

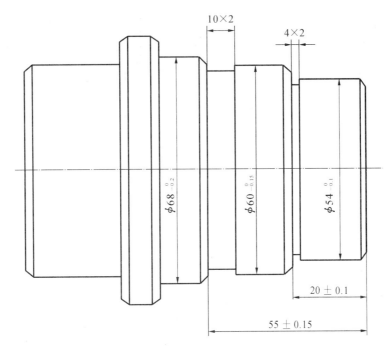

图 3-63　车槽工件图(材料:HT150)

任务七　车孔加工

利用钻头在工件上钻出孔的方法称为钻孔,通常可以在钻床或车床上进行。在车床上可以使用钻头、扩孔钻、铰刀等定尺寸刀具加工孔,也可以使用内孔车刀车孔。内孔加工和外圆加工相比在观察、排屑、冷却、测量及尺寸控制等方面都比较困难,再加上刀具的形状、尺寸受内孔尺寸的限制,使内孔的加工质量受到影响。

一、钻孔

1. 车床上钻孔与钻床上钻孔的区别

(1) 切削运动不同。

钻床上钻孔时,工件不动,钻头旋转并移动,其钻头的旋转运动为主要运动,钻头的移动为进给运动。车床上钻孔时,工件旋转,钻头只移动,其工件旋转为主运动,钻头移动为进给运动。

(2) 加工工件的位置精度不同。

钻床上钻孔需要按划线位置钻孔,孔易钻偏,不易保证孔的位置精度。车床上钻孔,不需划线,易保证孔与外圆的同轴度及孔与端面的垂直度。

2. 车床上的钻孔方法

车床上钻孔方法如图 3-64 所示。其操作步骤如下:

(1) 车端面。

钻中心孔时便于钻头定心,可防止孔钻歪。

(2) 装夹钻头。

锥柄钻头直接装在尾架套筒的锥孔内;直柄钻头装在钻夹头内,把钻夹头装在尾架套筒的锥孔内。钻头要擦净后再装入。

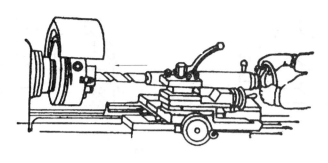

图 3-64 车床上钻孔

（3）调整尾架位置。

松开尾架与床身的紧固螺栓螺母，移动尾架，使钻头能进给至所需长度，固定尾架。

（4）开车钻削。

尾架套筒手柄松开后（但不能过松），开动车床，均匀地摇动尾架套筒手轮钻削。刚接触工件时，进给要慢些，切削中要经常退回；钻透时，进给也要慢些，退出钻头后再停车。

（5）钻不通孔时要控制孔深。

可利用粉笔先在钻头上划好孔线再钻削的方法控制孔深；还可用钢尺、深度尺测量孔深。

3. 在车床上钻孔时的注意事项

（1）修磨横刃。

钻削时轴向力大，会使钻头产生弯曲变形，从而影响加工孔的形状。轴向力过大时，钻头易折断。修磨横刃减少刀刃宽度可大大减小轴向力，改善切削条件，提高孔的加工质量。

（2）切削用量适度。

开始钻削时进给量应小些，使钻头对准工件中心；钻头进入工件中心后进给量可大些，以提高生产率；快要钻透时进给量应小些，以防折断钻头。钻大孔时车床旋转速度应低些；钻小孔时转速应高些，使切削速度适度，改善钻小孔时的切削条件。

（3）操作要正确。

装夹钻头后，钻头的中心必须对准工件的中心；调整尾架后，尾架的位置必须能保证钻孔深度；切削时尾架套筒松紧适度、进给均匀等都是为了防止孔被钻偏。

钻孔的精度较低，尺寸公差等级在 IT10 级以下，表面粗糙度 $Ra = 6.3\ \mu m$。因此，钻孔往往是车孔和镗孔、扩孔和铰孔的预备工作。

二、车孔

对工件上的已有的孔进行车削的方法称为车孔。

1. 车孔的方法

车孔的方法如图 3-65 所示。

车孔与车外圆的方法基本相同，都是工件转动，车刀移动，从毛坯上切去一层多余金属。在切削过程中也分为粗车和精车，以保证孔的质量。车孔与车外圆的方法虽然基本相同，但在车孔时，需注意以下几点。

（1）车孔刀的几何角度。

通孔车刀的主偏角 $\kappa_r = 45° \sim 75°$，副偏角 $\kappa_r' = 20° \sim 45°$。盲孔车刀主偏角 $\kappa_r \geqslant 90°$，刀尖至刀杆背面的距离只能小于孔径的一半，否则无法车平不通孔的底面积。

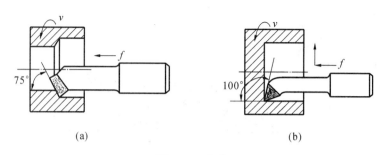

图 3-65 车孔
(a) 车通孔 (b) 车盲孔

（2）车孔刀的安装。

刀尖应对准工件的中心,由于进刀方法与车外圆相反,粗车时可略低点,使前角增大便于切削;精车时略高一点,使后角增大而避免产生扎刀。车刀伸出刀架的长度尽量短,以免产生振动,但至少伸出工件孔深加上 3～5 mm 的长度,如图 3-66 所示,以保证孔深。刀具轴线应与主轴平行,刀头可略向操作者方向偏斜。开车前先使车刀在孔内手动试走一遍,确认不妨碍车刀工作后,再开车切削。

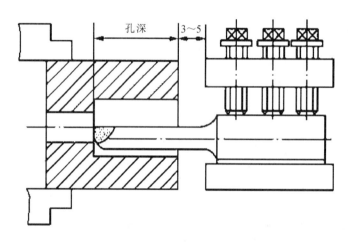

图 3-66 车孔刀的安装

（3）切削用量的选择。

车孔时,因刀杆细,刀头散热条件差,排屑困难,易产生振动和让刀,故所选用的切削用量要比车外圆时小些,调整方法与车外圆相同。

（4）试切法。

与车外圆基本相同,其试切过程是:开车对刀—纵向退刀—横向进刀—纵向切削 3～5 mm—纵向退刀—停车测量。如已满足尺寸要求,可纵向切削;如未满足尺寸要求,可重新横向进刀来调整切削深度,再试切,直至满足尺寸要求为止。

（5）控制孔深。

可用图 3-67 所示的方法来控制孔深。

2. 车孔时的注意事项

车孔时应注意以下几点:

① 车孔时如果孔与某些表面有位置公差要求时(与外圆表面的同轴度,与端面的垂直度等),则孔与这些表面必须在一次装夹中完成全部切削加工,否则难以保证其位置公差要

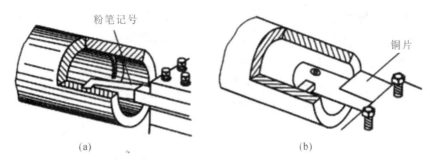

图 3-67　控制车孔深度的方法

(a) 在车刀杆上做标记　(b) 用铜片控制深度

求,如图 3-68 所示。若必须两次装夹时,则应校正工件,这样才能保证质量。

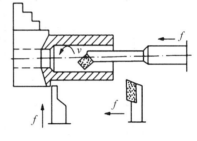

② 选择与安装车刀要正确,选择与安装好车刀后,一定要不开车手动试走一遍,确定不妨碍车刀工作后再开车切削。

③ 进刀方向试切时,横向进给手柄转向不能搞错,逆时针转动为进刀,顺时针转动为退刀,与车外圆正好相反。若把退刀摇成进刀,则工件报废。

图 3-68　一次装夹

因为车孔的条件比车外圆差,所以车孔的精度较低,一般尺寸公差等级可达 IT7～IT8 级,表面粗糙度 $Ra=1.6～3.2$ mm。

3. 孔的测量方法

可用内卡钳测量孔径。常用游标卡尺测量孔径和孔深。对于精度要求高的孔可用内径千分尺或内径百分表测量。图 3-69 所示为用内径百分表测量孔径。对于大批量生产的工件孔可用塞规测量。

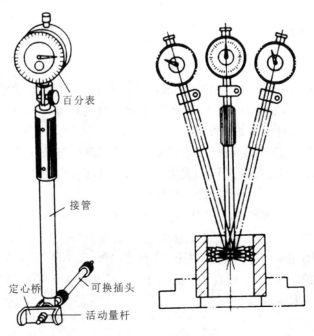

图 3-69　内径百分表测量孔径

【实训操作与思考】

1.在实训教师的指导下,以图 3-63 所示的工件为坯料,按图 3-70 所示工件孔的尺寸和粗糙度要求,练习钻孔和车孔。

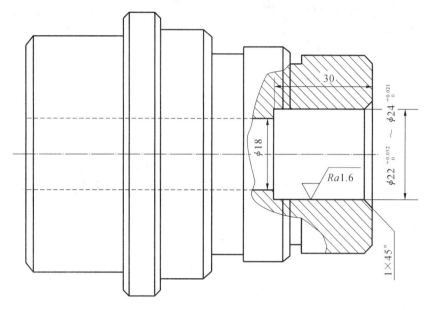

图 3-70　钻孔和车孔工件图(材料:HT150)

2.车孔与车外圆有什么不同?

3.车床上钻孔和钻床上钻孔有何不同?

任务八　车螺纹

一、螺纹的基本知识

将工件表面加工成螺纹的方法称为车螺纹。

螺纹的种类很多,应用很广。通常螺纹按用途分为连接螺纹和传动螺纹两大类,前者起连接作用(螺栓与螺母),后者用于传递运动和动力(丝杠与螺母)。按使用性能又分为左旋和右旋、单头和多头、内螺纹和外螺纹。

普通螺纹牙型都为三角形,故又称三角形螺纹。图 3-71 标注了三角形螺纹各部分的名称代号。

螺纹用 P 表示,牙型角用 α 表示,其他各部分名称及基本尺寸如下:

$$\text{螺纹大径(公称直径)}\quad D(d)$$

$$\text{螺纹中径}\quad D_2(d_2) = D(d) - 0.649P$$

$$\text{原始三角形高度}\quad H = 0.866P$$

式中：　D——内螺纹直径(无下标表示大径,下标为"1"表示小径,下标为"2"表示中径);

　　　　d——外螺纹直径(无下标表示大径,下标为"1"表示小径,下标为"2"表示中径)。

决定螺纹的基本要素有以下三个。

(1) 牙型角 α。

牙型角是螺纹轴向剖面内螺纹两侧面的夹角。公制螺纹 $\alpha=60°$,英制螺纹 $\alpha=55°$。

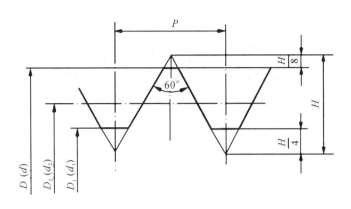

图 3-71 普通螺纹各部分的名称

（2）螺距 P。

螺距是沿轴线方向上相邻两牙间对应点的距离。公制螺纹的螺距单位为 mm，英制螺纹用每英寸上的牙数 D_P 表示，称 D_P 为径节。螺距 P 与径节 D_P 的关系为 $P = \dfrac{25.4}{D_P}(\text{mm})$。

（3）螺纹中径 $D_2(d_2)$。

螺纹中径是平分螺纹理论高度 H 的一个假想圆柱体的直径。在中径处螺纹的牙厚和槽宽相等。只有内外螺纹中径都一致时，两者才能很好地配合。

二、螺纹车刀及其安装

1. 螺纹车刀的几何角度

如图 3-72 所示，车三角形公制螺纹时，车刀的刀尖角等于螺纹的牙型角 $\alpha = 60°$，车三角形英制螺纹时，车刀的刀尖角 $\alpha = 55°$。其前角 $\gamma_o = 0°$ 才能保证工件螺纹的牙型角，否则牙型角将产生误差。只有粗加工时或螺纹精度要求不高时，其前角 $\gamma_o = 5° \sim 20°$。

2. 螺纹车刀的安装

如图 3-73 所示，刀尖对准工件的中心，并用样板对刀，以保证刀尖角平分线与工件的轴线相垂直，这样车出的牙型角才不会偏斜。

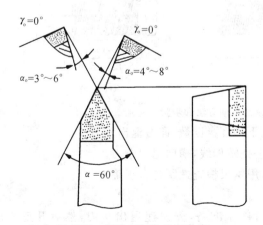

图 3-72 螺纹车刀的几何角度

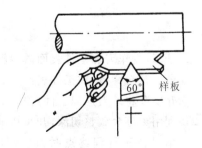

图 3-73 用样板对刀

三、车床的调整

车螺纹时，必须满足的运动关系是：工件每转一转时，车刀必须准确地移动一个工件的

螺距或导程(单头螺纹为螺距,多头螺纹为导程)。其传动路线简图如图 3-74 所示。

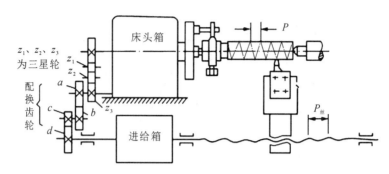

图 3-74　车螺纹时的传动

这种关系是靠调整车床实现的。调整时,首先通过手柄把丝杠接通,再根据工件的螺距或导程,按进给箱标牌上所示的手柄位置,来变换配换齿轮(挂轮)的齿数及各进给变速手柄的位置。

车右螺纹时,三星轮变向手柄调整在车右螺纹的位置上;车左螺纹时,变向手柄调整在车左螺纹的位置上。目的是改变刀具的移动方向,刀具移向床头时为车右螺纹,移向床尾时为车左螺纹。

四、车螺纹的方法与步骤

以车削外螺纹为例,如图 3-75 所示,这种车法称为正反车法,适于加工各种螺纹。车削步骤如下。

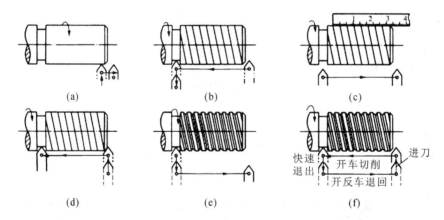

图 3-75　螺纹的车削方法和步骤

① 开车,使车刀和工件表面微接触,记下刻度盘读数,向右退出车刀。

② 合上开合螺母,在工件表面上车出一条螺母线,横向退出车刀。

③ 开反车将车刀退回工件右端,停车,用钢尺检查螺距是否正确。

④ 利用刻度盘调整切深,开车切削。

⑤ 车刀将至行程终点时,应做好退刀停车准备,先快速退出车刀,然后开反车退回刀架。

⑥ 再次横向进刀,继续切削,其切削过程的路线如图 3-75(f)所示。

另一种加工螺纹的方法是抬闸法,就是利用开合螺母手柄的抬起或压下来车削螺纹。

这种方法操作简单,但易乱扣,只适于加工机床丝杠螺距是工件螺距整数倍的螺纹。与正反车法的主要不同之处是车刀行至终点时,横向退刀后,不用开反车纵向退刀,而是抬起开合螺母手柄使丝杠与螺母脱开,手动纵向退回,再进刀车削。

车内螺纹的方法与车外螺纹基本相同,只是横向进给的进退刀转向不同而已。对于直径较小的内、外螺纹可用丝锥或板牙攻出。

五、螺纹的测量

螺纹主要测量螺距、牙型角和螺纹中径。因为螺距是由车床的运动关系来保证的,所以用钢尺测量即可。牙型角是由车刀的尖角以及正确的安装来保证的,一般用样板测量。也可用螺距规同时测量螺距和牙型角,如图 3-76 所示。螺纹中径常用螺纹千分尺测量,如图 3-77 所示。

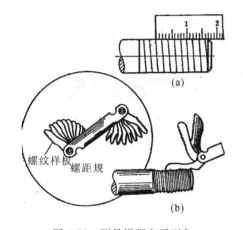

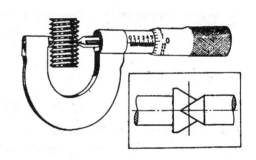

图 3-76　测量螺距和牙型角

（a）用钢尺测量　（b）用螺距规测量

图 3-77　测量螺纹中径

在成批大量生产中多用图 3-78 所示的螺纹量规进行综合测量。

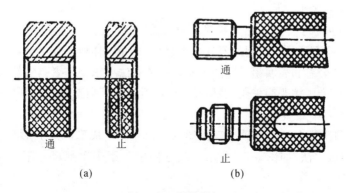

图 3-78　螺纹量规

（a）螺纹环规　（b）螺纹塞规

【实训操作与思考】

1.在实训教师的指导下,以图 3-53 所示的工件为坯料,按图 3-79 所示工件图车削 M60×2的螺纹[M——三角形螺纹代号;60——螺纹公称直径(mm)],保证螺距 $P=2$ mm,

牙型角 $\alpha=60°$，中径 $d=58.7$ mm。

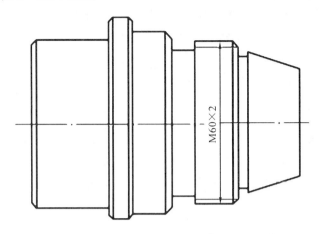

图 3-79　车螺纹工件图(材料：HT150)

2.螺纹的基本三要素是什么？在车削中怎样保证三要素符合公差要求？

任务九　车成形面与滚花

一、车成形面

将工件表面车成成形面的方法称为车成形面。

1. 成形面的用途与车削方法

有些零件如手柄、手轮、圆球等，为了使用方便且美观、耐用等，它们的表面不是平直的，而是做成曲面的；还有些零件如材料力学实验用的拉伸试验棒、轴类零件的连接圆弧等，为了使用上的某种特殊要求需要把表面做成曲面。这种具有曲面形状的表面称为成形面。成形面的车削方法有下面几种。

（1）用普通车刀车削成形面。

这种方法也称为双手摇法。它是靠双手同时摇动纵向进给手柄进行车削的，使刀尖的运动轨迹符合工件的曲面形状。所用的刀具是普通车刀，并用样板反复度量，最后用锉刀和砂布修整，才能达到尺寸公差和表面粗糙度的要求。这种方法要求操作者具有较高技术，但不需要特殊工具和设备，生产中被普遍采用，多用于单件小批生产。加工方法如图 3-80 所示。

（2）用成形车刀车成形面。

这种方法是利用具有与工件轴向剖面形状完全相同的成形面的成形车刀来车出所需的成形面，也称为样板刀法，如图 3-81 所示。该方法主要用于车削尺寸不大且要求不太精确的成形面。

（3）用靠模法车成形面。

这种方法是利用刀尖的运动轨迹与靠模（板和槽）的形状完全相同的方法车出成形面。如图 3-82 所示为加工手柄的成形面。此时，横刀架（中拖板）已经与丝杠脱开，其前端的拉杆上装有滚柱。当大拖板纵向走刀时，滚柱即在靠模的曲线槽内移动，从而使车刀刀尖的运动轨迹与曲线槽形相同，同时用小刀架控制切削深度，即可车出手柄的成形面。这种方法操作简单，生产率高，多用于批量生产。当靠模为斜槽时，可用于车削锥体。

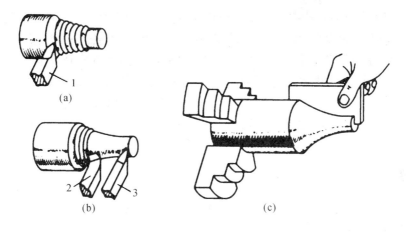

图 3-80　普通车刀车成形面

（a）粗车台阶　（b）用双手控制法车削其轮廓　（c）用样板测量

1—尖刀；2—偏刀；3—圆弧刀

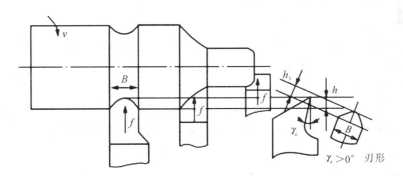

图 3-81　成形车刀车成形面

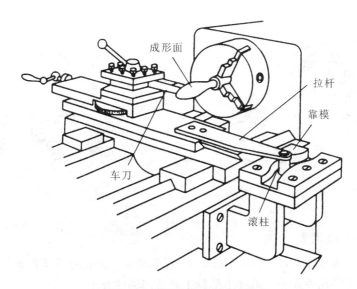

图 3-82　用靠模法车手柄成形面

2. 车成形面所用的车刀

用普通车刀车成形面时,粗车刀的几何角度与普通车刀完全相同。精车刀是圆弧车刀,主切削刃是圆弧刃,半径应小于成形面的圆弧半径,所以圆弧刃上各点的偏角点是变化的。后刀面也是圆弧面,主切削刃上各点后角不宜磨成相等的,一般 $\alpha_o = 6° \sim 12°$。由于切削刃是弧刃,切削时接触面积大,易产生振动,因此要磨出一定的前角,一般 $\gamma_o = 10° \sim 15°$,以改善切削条件。

用成形车刀车成形面时,粗车也采用普通车刀车削,形状接近成形面后,再用成形车刀精车。刃磨成形车刀时,用样板校正其刃形。当刀具前角 $\gamma_o = 0°$ 时,样板的形状与工件轴向剖面形状一致。当 $\gamma_o > 0°$ 时,可用成形车刀进行车削。

二、滚花

用滚花刀将工件表面滚压出直纹或网纹的方法称为滚花。

1. 滚花表面的用途及加工方法

各种工具和机械零件的手持部分,为了便于握持、防止打滑和美观,常常在表面上滚压出各种不同的花纹。如千分尺的套管、铰杠扳手及螺纹量规等。这些花纹一般都是在车床上用滚花刀滚压而成的,如图 3-83 所示。

滚花的实质是用滚花刀对工件表面挤压,使其表面产生塑性变形而成为花纹。因此,滚花后的外径比之前的外径增大 0.02~0.5 mm。滚花时切削速度要低些,一般还要充分供给冷却润滑液,以免研坏滚花刀,防止产生乱纹。

2. 滚花刀的种类

滚花刀按花纹的式样分为直纹和网纹两种,其花纹的粗细取决于不同的滚花轮。按滚花轮的数量滚花刀又可分为单轮、双轮、三轮滚花刀三种,如图 3-84 所示。最常用的是网纹双轮滚花刀。

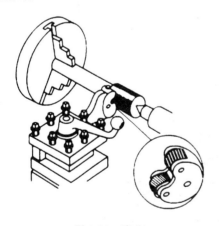

图 3-83 滚花

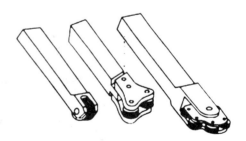

图 3-84 滚花刀

【实训操作与思考】

1. 在实训教师的指导下,按图 3-85 所示手柄,车削 ϕ15 mm 的圆球表面。

2. 车成形面有哪几种方法?单件小批量生产常用哪些方法?

3. 用普通精车刀车削成形面时,为什么要有前角?在单件小批量生产中,用成形车刀车成形面时,为什么前角必须为 0°?

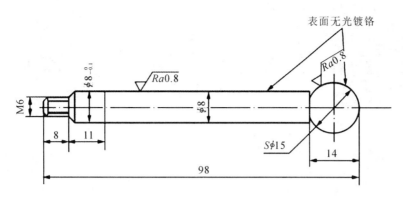

图 3-85　车成形面工件图（材料：45 钢）

模块四

铣工实训

知识目标要求

● 熟练掌握铣削常见刀具的安装与使用方法；

● 熟练掌握工件装夹找正的基本方法；

● 熟练掌握铣平面、铣沟槽的基本工艺。

技能目标要求

● 通过基本工艺知识的学习和模仿训练，达到能自主铣削中等难度工件的目的。

任务一　铣刀及其安装

一、铣刀的分类

铣刀是一种多刃刀具，每个刀齿相当于一把车刀。根据加工对象的不同，铣刀有许多不同的类型，是金属切削刀具中种类最多的刀具之一。图4-1所示的是几种常见的铣刀类型。

按刀齿开在刀体的圆柱面或端面上的不同，铣刀可分为：圆柱铣刀、端铣刀及三面刃铣刀。圆柱铣刀又分为直齿和螺旋齿两种，后者切削平稳，应用广泛。

按外形和用途，铣刀可分为：立铣刀、键槽铣刀、半月键槽铣刀、圆盘铣刀、锯片铣刀、角度铣刀和成形铣刀等。

按结构，铣刀可分为：整体式、焊接式、装配式、可转位式铣刀。

按齿背形式，铣刀可分为：尖齿铣刀和铲齿铣刀。

按装刀部位，铣刀分为：带孔铣刀和带柄铣刀。带孔铣刀多用在卧式铣床上，带柄铣刀多用在立式铣床上。

通常铣床上是用带孔铣刀和带柄铣刀来确定安装刀具方法的，所以下面介绍一下常用的带孔铣刀和带柄铣刀。

1. 常用的带孔铣刀

（1）圆柱铣刀。

圆柱铣刀的刀齿分布在圆柱表面上，通常分为直齿（见图4-1(a)）和螺旋齿（见图4-1(b)）两种，主要用于铣削平面。由于斜齿圆柱铣刀的每个刀齿是逐渐切入和切离工件的，故工作较平稳,加工表面粗糙度数值小,但有轴向切削力产生。

（2）圆盘铣刀。

圆盘铣刀即三面刃铣刀、锯片铣刀等。图 4-1(c)所示为三面刃铣刀,主要用于加工不同宽度的直角沟槽及小平面、台阶面等。锯片铣刀(见图 4-1(f))用于铣窄槽和切断。

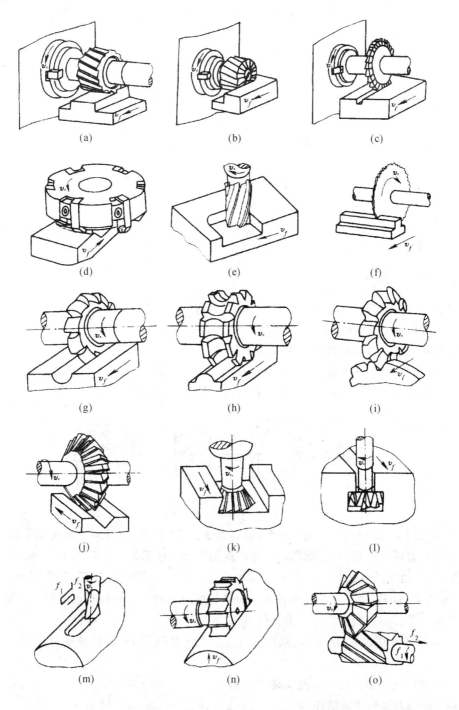

图 4-1　铣刀类型

（3）角度铣刀。

角度铣刀如图 4-1(j)、(k)、(o)所示，具有各种不同的角度，用于加工各种角度的沟槽及斜面等。

（4）成形铣刀。

成形铣刀如图 4-1(g)、(h)、(i)所示，其切刃呈凸圆弧、凹圆弧、齿槽形等，用于加工与切刃形状对应的成形面。

2. 常用的带柄铣刀

（1）立铣刀。

如图 4-1(e)所示，立铣刀有直柄和锥柄两种，多用于加工沟槽、小平面、台阶面等。

（2）键槽铣刀。

如图 4-1(m)、(n)所示，键槽铣刀专门用于加工封闭式键槽。

（3）T 形槽铣刀。

如图 4-1(l)所示，T 形槽铣刀专门用于加工 T 形槽。

（4）镶齿端铣刀。

如图 4-1(d)所示，镶齿端铣刀一般在刀盘上装有硬质合金刀片，加工平面时可以进行高速铣削，以提高工作效率。

二、铣刀的安装

用铣刀在铣床上加工工件，需要把铣刀安装在铣床主轴上。铣刀的安装精度直接影响铣削加工质量及铣刀的使用寿命。由于铣刀的结构不同，安装方法也不相同。

1. 带孔圆柱铣刀和圆盘铣刀的安装

带孔圆柱铣刀和圆盘铣刀，一般都用刀轴来安装。图 4-2 所示为带孔圆柱铣刀的安装，铣刀装在刀轴上，刀轴装到铣床的主轴孔内，并用螺杆拉紧。

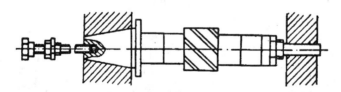

图 4-2　圆柱铣刀的安装

刀轴如图 4-3(a)所示，左端是一个锥柄，锥度为 7∶24，它与机床主轴孔相配合。锥柄前的凸缘上开有两个键槽，与主轴端面的传动键相配合。中部是一个带键槽的轴，该处直径即为刀轴直径，常用的有 22 mm、27 mm、32 mm 等几种。右端的螺纹与紧固螺母相配，以夹紧刀垫（见图 4-3(b)），轴颈置于挂架孔中。刀轴长度有几种，选用时，在长度够用的情况下，尽量用短的。图 4-3(c)所示为装上刀垫的刀轴。

拉紧螺杆如图 4-4 所示，它通过刀轴左端的螺纹孔将刀轴紧紧固定在铣床主轴孔内。

带孔圆柱铣刀和圆盘铣刀的安装步骤如下。

（1）选用刀轴和拉紧螺杆。

按铣刀内孔直径选择相应直径的刀轴和拉紧螺杆，同时检查刀轴的直线度和刀垫两端面的平行度及表面粗糙度。

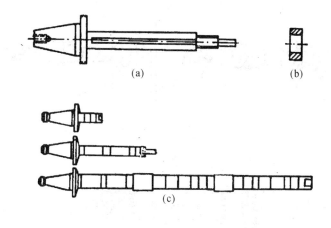

图 4-3　刀轴与刀垫

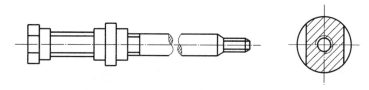

图 4-4　拉紧螺杆

（2）安装刀轴。

清除主轴锥孔及刀轴锥柄表面上的污物后，将刀轴锥柄置于主轴锥孔内，使刀轴凸缘上的键槽与主轴前端的传动键配合，并用拉紧螺杆紧固。

（3）调整横梁。

松开横梁锁紧螺钉，转动手柄，使横梁伸出长度与刀轴长度相适应。

（4）安装铣刀。

先在刀轴上套入适当数量的垫圈，装上铣刀，再在铣刀的另一侧套入垫圈，使铣刀处于刀轴的适当位置，然后用手旋紧刀轴螺母。直径大的铣刀，应用平键传递扭矩；直径小的铣刀，一般不用平键，而是由刀轴螺母通过垫圈夹紧刀具，靠摩擦力传递扭矩。安装铣刀时，应注意使铣刀的旋转方向与刀轴螺母的旋转方向相反，这样在切削力的作用下，刀轴螺母会越来越紧。若在螺母与铣刀之间的任一个垫圈内，安装一个止动键，则螺母既不会松动，也不会越旋越紧（见图 4-5）。

（5）安装挂架。

装上挂架，并使挂架轴承孔套入刀轴前端的轴颈。调整好位置后，固定横梁和挂架。

（6）夹紧铣刀。

旋转刀轴螺母，使刀轴上的垫圈夹紧铣刀。未上挂架前，不得使用工具将刀轴螺母旋紧，以免扳弯刀轴。

2. 端铣刀的安装

端铣刀用图 4-6 所示的短刀轴（也叫刀柄）安装。这种刀轴与前面讲的刀轴相似，锥柄部分相同，只是刀轴的圆柱部分很短，紧固铣刀的螺母改为螺钉。这种刀轴由于刀轴短，结构合理，所以刚性好，使用方便，是一种应用较广的刀轴。

安装端铣刀时，将铣刀内孔、端面、键槽和刀轴部分擦净，利用键和螺钉把铣刀固定在刀

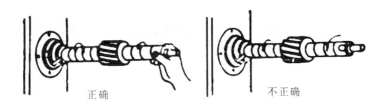

正确　　　　　　　　　　　　　不正确

(a)

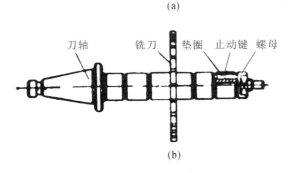

刀轴　　　铣刀　垫圈　止动键　螺母

(b)

图 4-5　刀轴螺母的旋紧与放松

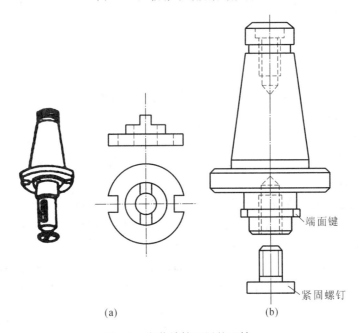

端面键

紧固螺钉

(a)　　　　　　　　　　　　(b)

图 4-6　安装端铣刀用的刀轴

轴上,再将带有铣刀的刀轴安装在机床主轴上。先装刀轴后装铣刀亦可。

3. 锥柄铣刀的安装

　　锥柄铣刀的柄部锥度,大多数是莫氏锥度,而铣床主轴孔的锥度一般为 7:24,由于两种锥度规格不同,刀具必须通过中间套筒才能安装在主轴孔内(见图 4-7)。中间套筒外锥面锥度为 7:24,与主轴内孔相配合,内锥孔锥度与铣刀锥柄的莫氏锥度相配合。内锥孔锥度共分五种,分别为莫氏 1、2、3、4、5 号,以满足不同锥度锥柄铣刀的需要。

　　安装锥柄铣刀时,先将主轴孔及中间套筒的内外表面擦净,再把铣刀锥柄插入中间套筒内,配牢后一起装于主轴孔内,并用拉紧螺杆紧固。

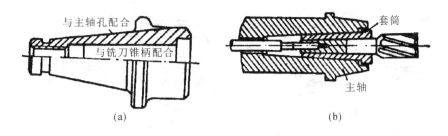

图 4-7 利用中间套筒安装锥柄铣刀

4. 直柄铣刀的安装

直柄铣刀的柄部直径较小,一般用弹簧夹头安装。常见的弹簧夹头结构如图 4-8 所示,由主体、弹簧夹头及螺母组成。弹簧夹头两端按圆周等分开出三条不穿透的窄槽,两端窄槽错开 60°,当旋紧螺母时,弹簧夹头由于外锥面受压,而使内径缩小,把铣刀柄夹紧。

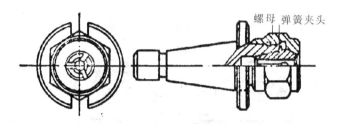

图 4-8 弹簧夹头

安装直柄铣刀时,选择与铣刀柄部直径相同的弹簧夹头。将铣刀柄部插入弹簧夹头内孔,旋上螺母,放入主轴孔固定,再用扳手拧紧螺母,夹住铣刀。

各类铣刀安装后都要进行检查。检查铣刀旋转方向、锁紧螺母是否紧固,必要时还要检查铣刀的径向跳动和端面跳动等安装精度。若未满足要求,则要重新安装,直到符合要求为止。

任务二　工件的安装

在铣床上铣削工件,单件小批生产时,中型或大型工件通常采用压板、螺栓装夹;小型工件一般采用平口虎钳装夹。薄板形工件的侧面铣削,可采用角铁安装。圆柱形工件常用 V 形块安装。等分工作中的分度铣削工件,常用分度头安装。批量生产时,采用专用夹具装夹工件。

1. 直接在工作台上用压板、螺栓装夹

在铣床上用压板、螺栓装夹工件时,主要用压板、垫铁、螺栓以及螺母等。为了满足装夹不同形状工件的需要,压板的形状也不相同,螺栓也有长有短,图 4-9 所示为用压板、螺栓装夹工件的示意图。图 4-10 所示为用压板、螺栓把工件直接装夹在铣床工作台上。

使用压板、螺栓时应注意以下几个问题:

① 压板数目一般不少于两块。使用两块以上时,应注意使工件受压点的布局合理。

② 压板的位置要安排适当,要压在工件刚性最好的部位,夹紧力的大小也应适当,以防刚性差的工件产生变形,影响其加工精度。

③ 垫铁必须正确地放在压板下,高度要与工件相同或略高于工件。

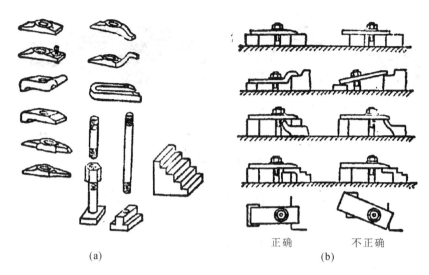

图 4-9　压板、螺栓的使用方法

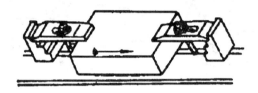

图 4-10　用压板、螺栓装夹工件

④ 压板、螺栓必须尽量靠近工件,为增大压紧力,应使螺栓到工件的距离小于螺栓到垫铁的距离。

⑤ 螺母要拧紧,否则会因压力不够而使工件窜动,以致损坏工件、机床和刀具。

⑥ 当毛坯面或表面粗糙度 Ra 值较小的表面直接与工作台面接触时,必须垫上铜皮或硬纸垫,以免划伤工作台面或损伤工件表面。

2. 用平口虎钳装夹

(1) 平口虎钳的安装与校正。

安装虎钳时,必须先将底面和工作台面擦干净。在虎钳底部一般都有键槽,装上定位键以后,再把键嵌入工作台的 T 形槽中,使钳口与纵向工作台平行或垂直。图 4-11 所示为平口虎钳底面的结构图。

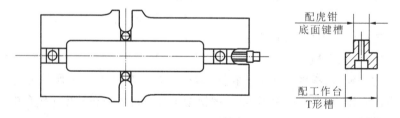

图 4-11　平口虎钳底面上的键槽和键

要确保虎钳在工作台上的位置正确。往往通过测定固定钳口的位置精度来判断虎钳位置的准确性。虎钳的固定钳口是装夹工件时的定位基准面,因此,把虎钳装到工作台上时,多数情况下要求虎钳的固定钳口与纵向工作台或横向工作台的进给方向平行,同时要求固定钳口的工作表面与工作台台面垂直。

在铣床上铣平面时,若钳口与主轴的平行度和垂直度的要求不高,一般可用划针或大头针校正(见图 4-12(a))。当平行度要求较高时用百分表进行校正,把带有百分表的弯杆,用固定环压紧在刀轴上,或者用磁性表座将百分表吸附在横梁导轨或垂直导轨上,并使虎钳的固定钳口接触百分表触杆(见图 4-12(b)),然后移动纵向工作台或横向工作台,百分表的读数变化即反映出虎钳固定钳口与进给方向的平行度误差。根据百分表的读数,逐步调整好虎钳的正确位置。

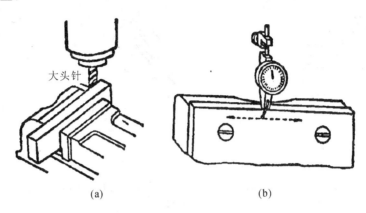

大头针

(a)   (b)

图 4-12　校正虎钳位置

（2）工件的装夹。

用虎钳装夹工件应注意以下几点:

① 虎钳钳口夹持毛坯面或粗糙度 Ra 值较小的平面时,应加垫铜皮,以免损坏钳口或夹伤已加工表面。

② 为便于加工,应选择适当厚度的垫铁,垫在工件下面,使工件的加工面高出钳口。高出的尺寸,应以把加工余量全部切完而不致切到钳口为准。

③ 为使工件紧密地贴合在支承面(垫铁)上,夹紧后可用铜锤或木质及橡胶的手锤敲击工件,敲击力的大小要与夹紧力相适应。夹紧力大时,可重敲;夹紧力小时,则应轻敲。敲击的位置应从已落实的部位开始,逐渐移向没有贴合好的部位,直至完全贴合好为止。

④ 工件装夹后,不应在铣削力作用下产生位移。

3. 利用角铁安装

角铁又叫弯板,它是用来装夹加工工件上垂直面的一种通用夹具,适用于长、宽、薄工件的安装。因角铁的两个面是相互垂直的,所以一个面与台面贴紧后,另一个面就与台面垂直,相当于虎钳的固定钳口。安装时用两个弓形夹将工件固定在角铁上,如图 4-13 所示。

4. 利用 V 形块安装

圆柱形工件常用 V 形块安装,再用压板夹紧,如图 4-14 所示。这种安装方法能保证工件中心线与 V 形槽中心线重合。即便工件直径大小不等,其中心线都在 V 形槽中心线上,如图 4-15(a)所示。如果用平口虎钳安装直径不等的工件,其中心位置则各不相同,如图 4-15(b)所示。

5. 利用分度头安装

分度头一般用于等分工作中装夹工件。它既可以用分度头卡盘(或顶尖)与尾架顶尖一起装夹轴类零件,也可以只使用分度头卡盘装夹工件。由于分度头的主轴可以在垂直平面内转动,因此可以利用分度头在水平、垂直及倾斜位置装夹工件(见图 4-16、图 4-17和图 4-18)。

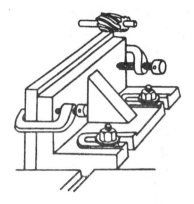

图 4-13 用角铁安装工件

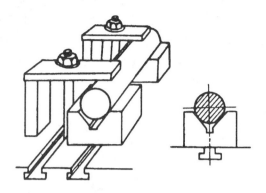

图 4-14 用 V 形块安装工件

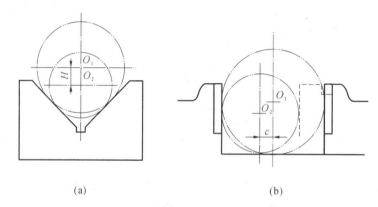

(a)   (b)

图 4-15 直径变化对中心线位置的影响

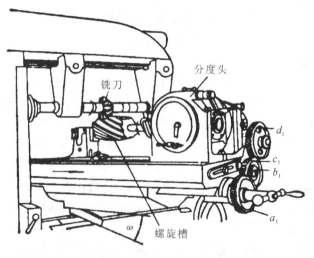

图 4-16 利用分度头在水平位置装夹工件

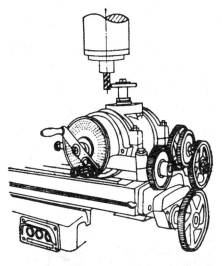
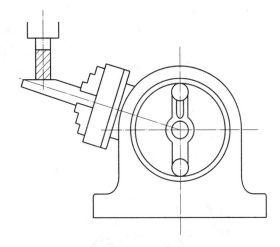

图 4-17　利用分度头在垂直位置装夹工件　　图 4-18　利用分度头在倾斜位置装夹工件

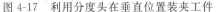

任务三　平面铣削加工

一、用圆柱铣刀铣削平面

在卧式升降工作台上用圆柱铣刀的周边齿刀刃进行的铣削称为周铣。

1. 铣刀选择

圆柱铣刀有直齿和螺旋齿两种,螺旋齿圆柱铣刀切削时刀齿是逐渐切入的,切削平稳,排屑顺利,所以应用广泛。直齿圆柱铣刀现在已很少见到。当工件表面粗糙度值较小且加工余量不大时,选用细齿铣刀。而当工件表面粗糙度值较大且加工余量大时,选用粗齿铣刀。铣刀的宽度要大于工件表面的宽度,以保证一次进给完成表面加工。在满足加工需要的情况下,应尽量选用直径小的铣刀,以免产生振动而影响表面质量。

2. 切削用量选择

选择切削用量时,要根据刀具耐用度、机床、表面粗糙度、加工精度以及材料等因素综合考虑,合理选择。通常铣削分为粗铣和精铣两种。粗铣时由于加工余量较大故选择每齿进给量,而精铣时加工余量较小常选择每转进给量。

粗铣:侧吃刀量 $a_e = 2 \sim 8$ mm,每齿进给量 $f_z = 0.03 \sim 0.16$ mm/z,铣削速度 $v_c = 15 \sim 40$ m/min。

根据毛坯的加工余量先选择较大的侧吃刀量 a_e,其次选择较大的进给量 f_z,最后选择合适的铣削速度 v_c。

精铣:铣削速度 $v_c \leqslant 10$ m/min 或 $v_c \geqslant 50$ m/min,每转进给量 $f = 0.1 \sim 1.5$ mm/r,侧吃刀量 $a_e = 0.2 \sim 1$ mm。

精铣主要考虑提高表面质量,因此先选择较大或较小的铣削速度 v_c,其次选择较小的进给量 f,最后根据零件图尺寸确定侧吃刀量 a_e。

3. 工件装夹

根据零件形状,加工的部位及尺寸、形位公差要求来选择装夹方法,通常我们使用机用平口钳或压板螺栓装夹工件。使用机用平口钳装夹工件时,要校正钳口并利用垫铁使工件高出钳口适当高度,夹紧工件。

圆柱铣刀通过长刀杆安装在卧式铣床的主轴上,刀杆上的锥柄与主轴上的锥孔相配,并用一拉杆拉紧。刀杆上的键槽与主轴上的方键相配,用来传递动力。安装铣刀时,先在刀杆上装几个垫圈,然后装上铣刀,如图4-19(a)所示。应使铣刀切削刃的切削方向与主轴旋转方向一致,同时铣刀还应尽量装在靠近床身的地方,然后在铣刀的另一侧套上垫圈,再用手轻轻旋上压紧螺母,如图4-19(b)所示。再安装吊架,使刀杆前端进入吊架轴承内,拧紧吊架的紧固螺钉,如图4-19(c)所示。初步拧紧刀杆螺母,开车观察铣刀是否装正,然后用力拧紧螺母,如图4-19(d)所示。

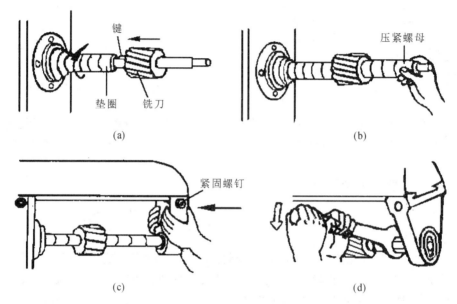

图 4-19　安装圆柱铣刀的步骤

4. 铣削操作

操作方法:根据工艺卡的规定调整机床的转速和进给量,再根据加工余量的多少来调整铣削深度,然后开始铣削。铣削时,先用手动使工作台纵向靠近铣刀,而后改为自动进给;当进给行程尚未完毕时不要停止进给运动,否则铣刀在停止的地方切入金属会比较深,形成表面深啃现象;铣削铸铁时不加切削液(因铸铁中的石墨可起润滑作用);铣削钢料时要用切削液,通常用含硫矿物油作切削液。

用螺旋齿铣刀铣削时,同时参加切削的刀齿数较多,每个刀齿工作时都是沿螺旋线方向逐渐地切入和脱离工作表面,切削比较平稳。在单件小批量生产的条件下,用圆柱铣刀在卧式铣床上铣平面仍是常用的方法。

根据选取的铣削速度按下式调整铣床主轴转速:

$$n = \frac{1000v_c}{\pi D} \quad (\text{r/min})$$

根据选取的进给量按下式调整铣床每分钟的进给量:

$$v_f = fn = f_z zn \quad (\text{mm/min})$$

如图4-20所示,移动工作台使工件位于圆柱铣刀下面开始对刀。对刀时,先启动主轴,再摇动升降台进给手柄,使工件慢慢上升,当铣刀轻微接触工件表面后,记住升降刻度盘数值,将铣刀退离工件,转动升降手柄并调整好侧吃刀量,最后固定升降和横向进给手柄并调整纵向工作台行程挡铁,最后铣削至图纸要求尺寸,退刀。

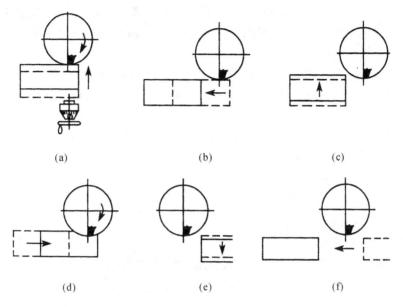

(a)　　　　　　　　(b)　　　　　　　　(c)

(d)　　　　　　　　(e)　　　　　　　　(f)

图 4-20　平面铣削步骤

二、用端铣刀铣平面

端铣刀一般用于立式铣床上铣平面,有时也用于卧式铣床上铣侧面,如图 4-21 所示。

端铣刀一般中间带有圆孔。通常先将铣刀装在短刀轴上,再将刀轴装入机床的主轴上,并用拉杆螺丝拉紧。

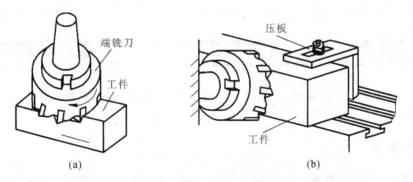

(a)　　　　　　　　　　(b)

图 4-21　用端铣刀铣平面

(a) 立式铣床　(b) 卧式铣床

用端铣刀铣平面与用圆柱铣刀铣平面相比,其特点是:切削厚度变化较小,同时切削的刀齿较多,因此切削比较平稳;端铣刀的主切削刃担负着主要的切削工作,而副切削刃又有修光作用,所以表面光整;此外,端铣刀的刀齿易于镶装硬质合金刀片,可进行高速铣削,且其刀杆比圆柱铣刀的刀杆短些,刚性较好,能减少加工中的振动,有利于提高铣削用量。因此,端铣既提高了生产率,又提高了表面质量,所以在大批量生产中,端铣已成为加工平面的主要方式之一。

三、铣斜面

铣削斜面实质上也是铣削平面,只是需要把工件或者铣刀倾斜一个角度进行铣削。工件上具有斜面的结构很常见,铣削斜面的方法也很多,下面介绍常用的几种方法。

(1)使用倾斜垫铁铣斜面。

如图4-22(a)所示,在零件设计基准的下面垫一块倾斜的垫铁,则铣出的平面就与设计基准面成一定倾斜角度,改变倾斜垫铁的角度,即可加工不同角度的斜面。

(2)用万能铣头铣斜面。

如图4-22(b)所示,由于万能铣头能方便地改变刀轴的空间位置,因此我们可以转动铣头以使刀具相对工件倾斜一个角度来铣斜面。

(3)用角度铣刀铣斜面。

如图4-22(c)所示,较小的斜面可用合适的角度铣刀加工。当加工零件批量较大时,则常采用专用夹具铣斜面。

(4)用分度头铣斜面。

如图4-22(d)所示,在一些圆柱形和特殊形状的零件上加工斜面时,可利用分度头将工件转至所需位置而铣出斜面。

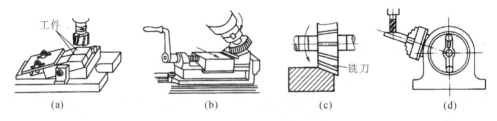

| (a) | (b) | (c) | (d) |

图 4-22 铣斜面的几种方法

(a)用倾斜垫铁铣斜面 (b)用万能铣头铣斜面 (c)用角度铣刀铣斜面 (d)用分度头铣斜面

任务四 沟槽铣削加工

在铣床上可以加工直角槽、V形槽、T形槽、燕尾槽、键槽等,这里主要介绍键槽和T形槽的铣削方法。

一、铣键槽

键槽有开口式、半封闭式和封闭式三种。由于键槽要与键相配合,因此,不但要保证槽宽精度,而且还要保证键槽与轴心的对称度及两侧面和槽底面对轴心线的平行度。铣键槽时,工件通常采用平口钳、V形架、轴用虎钳、分度头来装夹。

1. 铣开口式键槽

如图4-23所示为使用三面刃铣刀铣削开口式键槽。由于铣刀摆动会使槽宽扩大,因此铣刀宽度要稍小于键槽宽度。铣刀和工件安装后,在工件侧面贴一张纸,开动机床使铣刀擦到薄纸,再根据工件直径和纸的厚度找出工件轴线位置,使工件与铣刀中心平面对准,确保铣削键槽的对称性。然后调整铣削深度,加工至图纸要求尺寸。当键槽较深时,应多分几次走刀进行铣削。

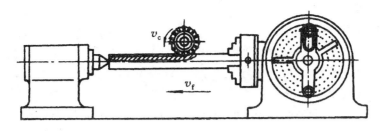

图 4-23　铣开口式键槽

2. 铣封闭式键槽

如图 4-24 所示,铣封闭式键槽通常使用键槽铣刀,工件可用 V 形架、平口钳、分度头来进行装夹。铣刀和工件安装后,调整铣刀与工件位置进行对刀,使铣刀的轴线对准工件轴线以确保加工键槽的对称度。摇动升降工作台手柄调整铣削深度,摇动纵向进给手柄铣削至要求长度,然后调整铣削深度继续铣削至要求长度,经多次反复进给直到符合图纸尺寸要求为止。

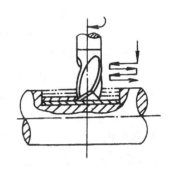

图 4-24　铣封闭式键槽

二、铣 T 形槽

如图 4-25 所示,要完成 T 形槽的铣削,必须先用三面刃铣刀或立铣刀加工出直角槽,然后用 T 形槽铣刀加工出 T 形槽,最后用角度铣刀倒角。铣 T 形槽时,由于铣刀的强度和刚性较差,排屑困难,因此切削用量应选择小一些且应充分冷却。

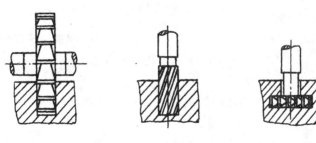

图 4-25　铣 T 形槽

任务五　铣削加工典型实例

【实例 1】　铣削图 4-26 所示的工件。

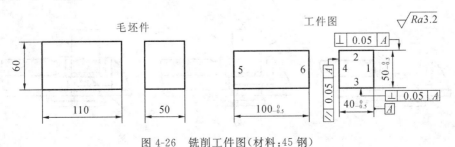

图 4-26　铣削工件图(材料:45 钢)

1. 铣刀的选择

铣刀的直径选择可按下式计算：

$$D = (1.2 \sim 1.6)B$$

式中：　D——铣刀直径(mm)；

　　　　B——铣削层宽度(mm)。

根据工件尺寸可选用直径 90 mm 的端铣刀,结构为机械夹固式端铣刀。

2. 工件的装夹

根据工件的形状我们选用机用平口钳装夹工件。先把机用平口钳装在工作台上,并找正钳口,然后把工件装夹在平口钳上,用垫铁调整工件到适当的高度夹紧。

3. 切削用量的选择

根据图纸上对表面粗糙度的要求,一次加工表面质量很难达到 $Ra = 3.2\ \mu m$,因此要分粗铣和精铣加工完成。

(1) 吃刀量 a_p。

粗铣时取 $a = 4.5$ mm,精铣时取 $a = 0.5$ mm。

(2) 进给量 f_z 和 f。

粗铣时取 $f_z = 0.05$ mm/z,精铣时取 $f = 0.1$ mm/r。

(3) 铣削速度 v_c。

粗铣时取 $v_c = 80$ m/min,铣刀直径 $D = 90$ mm,齿数 $z = 6$,则铣床的主轴转速 $n = \dfrac{1000v_c}{\pi D} = \dfrac{1000 \times 80}{3.14 \times 90} = 283\text{(r/min)}$,取主轴转速为 290 r/min;精铣时取 $v_c = 120$ m/min,则铣床的主轴转速 $n = \dfrac{1000 \times 120}{3.14 \times 90} = 424\text{(r/min)}$,取主轴转速为 420 r/min。

粗铣时进给速度 $v_f = f_z z n = 0.05 \times 6 \times 290 = 87\text{(mm/min)}$,取进给速度为 85 mm/min,精铣时进给速度 $v_f = f n = 0.1 \times 420 = 42\text{(mm/min)}$,取进给速度为 42 mm/min。

4. 铣削步骤

铣削过程中,为了保证各表面之间的垂直度和平行度,铣削顺序如图 4-27 所示。

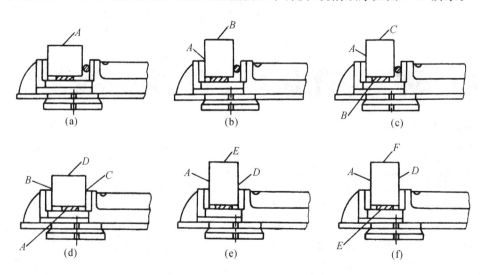

图 4-27　铣六方体工件的步骤

① 先加工基准平面 A，它是加工其他各面的定位基准，通常具有较小的表面粗糙度和较好的平面度。

② 以 A 面作为基准，铣削 B 面和 C 面，保证与 A 面的垂直度。

③ 仍以 A 面作为基准，铣削 D 面，保证与 A 面的平行度及尺寸。

④ 铣削 E 面时，以 A 面为定位基准的同时要保证 E 面与 B 面垂直。

⑤ 以 E 面为定位基准，铣削 F 面并保证长度。

精铣与粗铣的加工顺序相同，粗铣除了切去大部分余量外，还应保证工件的平行度和垂直度，以确保精铣质量。

【实例2】 铣方。

目的：了解铣工最基本的操作。

实训设备：XY-3HG。

实训图形如图 4-28 所示。

铣方的操作步骤如下：

① 审核图形，按图中尺寸铣方 28 mm×28 mm。

② 先测量圆棒毛坯的尺寸，再将工件放入钳口中的垫块上，敲平工件，多余部分平分进行铣削。（例如，一个直径为 34 mm 的毛坯，要铣成 28 mm×28 mm 的方形柱，由（34−28）/2＝3，知每个边需铣 3 mm。）

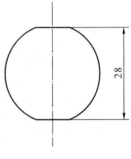

图 4-28 铣方

③ 将机床垂直坐标归零，用铣刀对准圆棒最高点进行对刀，再将工件移开，进给多余的尺寸后进行铣削。

④ 铣削过程中，按逆铣方法从外围走向内圈进行切削。

⑤ 铣完第一面后测量工件，再将多余的部分按工序加工，完成 28 mm×28 mm 方块。

【实例3】 铣双凸台。

目的：掌握铣床横向铣削方法。

实训设备：XY-3HG。

实训图形如图 4-29 所示。

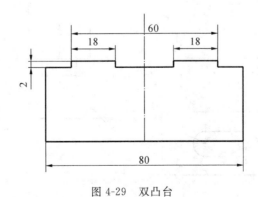

图 4-29 双凸台

操作步骤如下：

① 审核图形。

② 先将毛坯铣成 80 mm×24 mm×26 mm 的长方体。

③ 将工作台上升，深度 2 mm，两边各铣削 10 mm 形成 60 mm 凸台，然后将刀移至中间

铣削 24 mm,即形成两个 18 mm 凸台。

要点:注意基准面的选择,当铣削 60 mm 凸台时,基准面为工件的两个端面,然后以 60 mm 的凸台为基准面铣削中间的 24 mm。

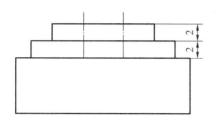

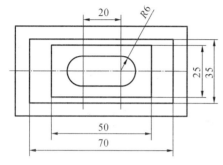

图 4-30 铣键台

【实例 4】 铣键台。

目的:了解平面、槽的铣削方法。

实训设备:XY-3HG。

实训图形如图 4-30 所示(铣对称的方块,铣槽)。

操作步骤如下:

① 先将方形平面铣平至外形尺寸 80 mm×45 mm×45 mm。

② 以中心线为基准对称铣至 70 mm×35 mm,深 4 mm。

③ 以前道工序铣出的一个台为基准铣至 50 mm ×25 mm(以中心线左右对称),两边缝中,深 2 mm。

④ 铣槽时,以上道工序铣出平台的两边为对刀面。注意:以平台边为对刀基准,往中心线移动刀具时,实际移动距离应为(25 mm+刀具直径)/2。

⑤ 铣深 4 mm 槽时,先对准槽的一端半圆的中心位置,作为铣槽的起点,再向另一端铣削 20 mm 完成。

要点:键的中心一定要找准。

【实例 5】 铣压板。

目的:让学生铣削加工一个完整的工件。

实训设备:XY-3HG。

实训图形如图 4-31 所示。

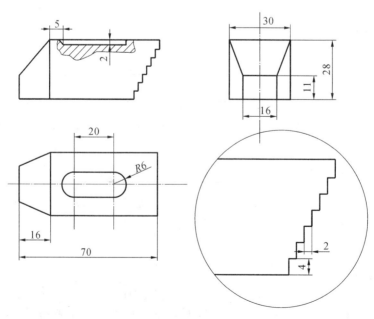

图 4-31 压板

操作步骤如下:

① 铣方块:将毛坯铣成 24 mm×28 mm×70 mm 的尺寸。

② 铣槽:找准槽的中心位置(以侧边对刀,刀具向中心的移动距离为工件宽度与刀具直径之和的 1/2),铣中心槽 32 mm×10 mm。

③ 铣斜面:将高 11 mm 与 16 mm 尺寸划线,并划好斜面连接线,可采用专用垫块垫平或利用正弦虎钳把要铣的斜面调平再进行铣削加工,也可采用成形铣刀(锥度磨成与斜面斜度一致)铣削。

④ 铣台阶:将工件竖立,先铣宽 4 mm、深 2 mm 的台阶,再逐次铣 8 mm、12 mm、16 mm,即成。

要点:在铣斜面时,划好的线一定要和虎钳平行,然后再进行铣削。

任务六　实训项目

实训项目 1:铣平面(按图 4-32 加工工件,写出加工的工步)。

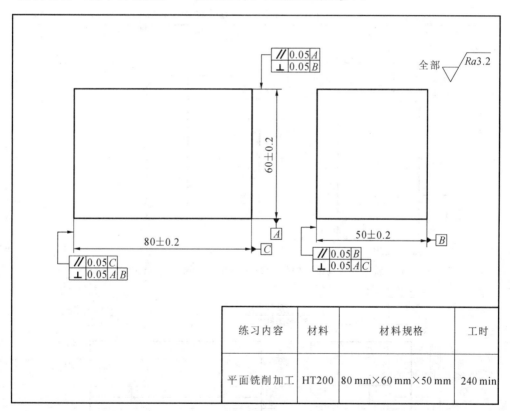

练习内容	材料	材料规格	工时
平面铣削加工	HT200	80 mm×60 mm×50 mm	240 min

图 4-32　铣平面

实训项目 2:铣斜面(按图 4-33 加工工件,写出加工的工步)。

实训项目 3:台阶沟槽铣削加工(按图 4-34 加工工件,写出加工的工步)。

实训项目 4:T 形槽加工(按图 4-35 加工工件,写出加工的工步)。

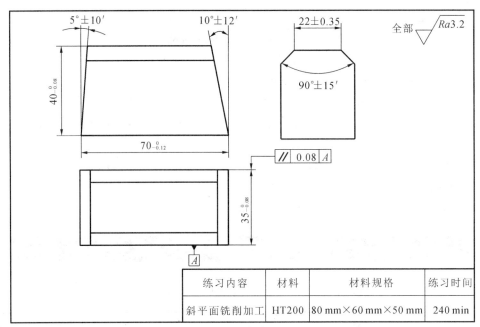

练习内容	材料	材料规格	练习时间
斜平面铣削加工	HT200	80 mm×60 mm×50 mm	240 min

图 4-33　铣斜面

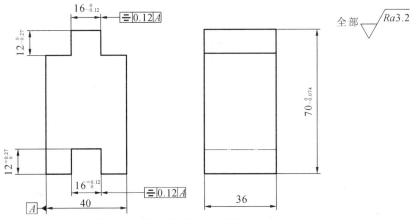

图 4-34　铣削台阶沟槽（材料 HT200，规格 80 mm×45 mm×50 mm）

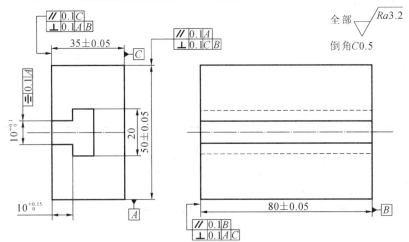

图 4-35　铣削 T 形槽（材料 HT200，规格 85 mm×55 mm×40 mm）

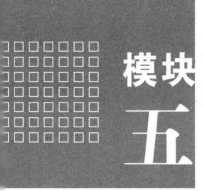

模块五

刨工实训

知识目标要求
- 了解刨削加工的特点及加工范围；
- 了解刨床的分类和工作原理。

技能目标要求
- 熟悉牛头刨床的结构；
- 掌握牛头刨床的基本操作方法。

任务一　刨工入门知识

刨削加工是指利用刨床,通过刨刀和工件之间的相对运动来完成切削加工,以改变毛坯的尺寸和形状,使之成为合格的零件的一种加工方法。刨削是切削加工的常用方法之一,刨削时由于一般只用一把刀具切削,返回行程中不工作,切削速度较低,所以刨削的生产率较低,但在机床床身导轨、机床镶条等较长、较窄零件表面的加工中,刨削仍然占据着十分重要的地位。

常见的刨床有牛头刨床和龙门刨床,牛头刨床用于加工中、小零件,龙门刨床适合加工大型零件或同时加工多个中型零件。我们在实训中主要采用牛头刨床。

1.牛头刨床

牛头刨床因滑枕和刀架形似"牛头"而得名。如图 5-1 所示为牛头刨床的外形。工件装夹在工作台上的平口钳中或直接用螺栓压板安装在工作台上。刀具装在滑枕前端的刀架上。滑枕带动刀具的直线往复运动为主运动。工作台带动工件沿横梁所做间隙横向移动为进给运动。刀架沿刀架座导轨所做的上下运动为吃刀运动。刀架座可绕水平轴扳转角度,以便加工斜面或斜槽。横梁能沿床身前端的垂直导轨上下移动,以适应不同高度工件的加工需要。

2.龙门刨床

图 5-2 所示为龙门刨床的外形。工件用螺栓压板固定在工作台上。工件和工作台沿床身导轨所做的直线运动是龙门刨削的主运动。床身两侧固定有左、右立柱,两立柱用顶梁连接,形成结构刚性较好的龙门框架。横梁上装着两个垂直刀架,左、右立柱上分别装着两个侧刀架。刨刀随刀架在横梁上的横向间歇运动和随刀架在两侧立柱上的垂直间歇运动都是

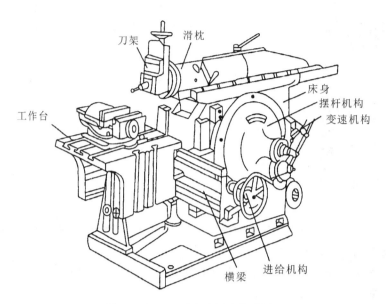

图 5-1　B6065 型牛头刨床外形图

进给运动。各刀架上均有滑板,可实现吃刀运动。各刀架也可绕水平轴线扳转角度,以刨削斜面和斜槽。横梁可沿左、右立柱的导轨垂直升降,以调整垂直刀架的位置,适应不同高度工件的加工需要。垂直刀架适于加工工件的顶平面和顶面上的槽,而侧刀架适于加工工件的侧平面和侧面上的槽。

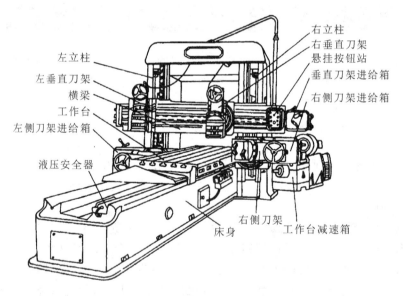

图 5-2　龙门刨床外形图

任务二　刨削刀具

1. 刨刀的结构形成

刨刀的结构、几何形状均与车刀相似,但由于刨削属于断续切削,刨刀切入时受到较大的冲击力,刀具容易损坏,所以刨刀刀体的横截面一般比车刀大 1.25～1.5 倍。刨刀的前角比车刀稍小,刃倾角取较大的负值以增强刀具强度。

刨刀一般做成弯头形式,这是刨刀的又一个显著特点。图 5-3 所示为弯头刨刀和直头刨刀。弯头刨刀的刀尖位于刀具安装平面的后方,直头刨刀的刀尖位于刀具安装平面的前方。

由图 5-3(a) 可知,在刨削过程中,当弯头刨刀遇到工件上的硬点使切削力突然变大时,刀杆绕 O 点向后上方产生弹性弯曲变形,使切削深度减小,刀尖不至于啃入工件的已加工表面,加工比较安全;如图 5-3(b) 所示,直头刨刀突然受强力后,刀杆绕 O 点向后下方产生弯曲变形,使切削深度进一步增大,刀尖向右下方扎入工件的已加工表面,将会损坏切削刃及已加工表面,所以刨刀一般做成弯头形式。

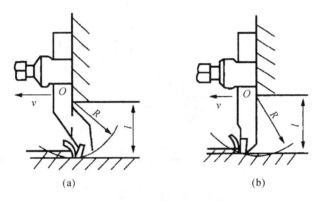

图 5-3　弯头刨刀和直头刨刀
(a) 弯头刨刀　(b) 直头刨刀

2. 刨刀的种类

刨刀的形状和种类依加工表面形状不同而有所不同。如图 5-4 所示,平面刨刀用以加工水平面;偏刀用于加工垂直面、台阶面和斜面;角度偏刀用以加工角度和燕尾槽;切刀用以切断或刨沟槽;弯头切刀用以加工 T 形槽及侧面上的槽;角度切刀用以加工带角度的沟槽等。

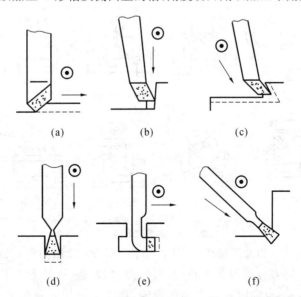

图 5-4　常见刨刀的形状与应用
(a) 平面刨刀　(b) 偏刀　(c) 角度偏刀　(d) 切刀　(e) 弯头切刀　(f) 角度切刀

3. 刨刀的安装

安装刨刀时,如图 5-5 所示,将转盘对准零线,以便准确控制背吃刀量,刀头不要伸出太长,以免产生振动或折断。直头刨刀伸出长度一般为刀杆厚度的 1.5～2 倍,弯头刨刀伸出长度可稍长些,以弯曲部分不碰刀座为宜。装刀或卸刀时应使刀尖离开零件表面,以防损坏刀具或者擦伤零件表面,必须一只手扶住刨刀,另一只手使用扳手,用力方向自上而下,否则容易将抬刀板掀起,碰伤或夹伤手指。

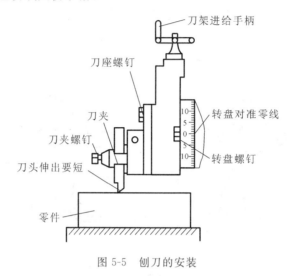

图 5-5　刨刀的安装

任务三　刨削加工的基本方法

刨削主要用于加工各种水平的、垂直的和倾斜的平面,如各种直角沟槽、T 形槽、燕尾槽以及各种成形面等,如图 5-6 所示。

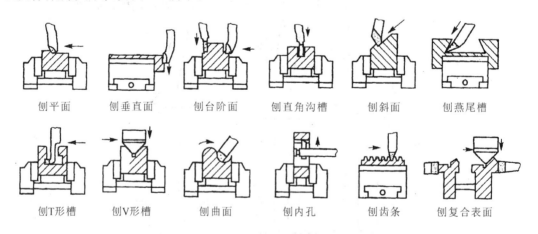

图 5-6　刨削加工类型

根据切削运动和具体的加工要求,刨床的结构比车床、铣床简单,价格低,调整和操作也较方便。所用的单刃刨刀与车刀基本相同,形状简单,制造、刃磨和安装皆较方便。刨削的主运动为往复直线运动,反向时受惯性力的影响,加之刀具切入和切出时有冲击,限制了切削速度的提高。单刃刨刀实际参加切削的切削刃长度有限,一个表面往往要经过多次行程才能加工出来,基本工艺过程较长。刨刀返回行程时不进行切削,加工不连续,增加了辅助时间。因此,刨削的生产率低于铣削。但是对于狭长表面(如导轨、长槽等)的加工,以及在龙门刨床上进行多件或多刀加工时,刨削的生产率可能高于铣削。刨削的精度可达 IT9～IT8 级,表面粗糙度 Ra 值为 $3.2～1.6\ \mu m$。当采用宽刃精刨时,即在龙门刨床上用宽刃细刨刀以很低的切削速度、大进给量和小的切削深度,从零件表面上切去一层极薄的金属,因切削力小、切削热少和变形小,零件的表面粗糙度 Ra 值可达 $1.6～0.4\ \mu m$,直线度可达 $0.02\ mm/m$。宽刃精刨可以代替刮研,这是一种先进、有效的精加工平面方法。

一、刨削平面

1. 刨水平面

刨水平面时,先根据刨削用量调整变速手柄位置和横向进给量,移动工作台使工件一侧靠近刨刀,转动刀架手柄使刀尖接近工件;再开动机床,手动进给试切出 $1～2\ mm$ 宽度后停车测量尺寸;接着根据测量结果调整背吃刀量;最后自动进给正式刨削。这时,滑枕带动刨刀做一次直线往复运动(主运动),横梁带动工作台做一次横向进给运动,完成一次刨削。

2. 刨垂直面

刨垂直面通常采用偏刀刨削,它是利用手工操作摇动刀架手柄,使刀架做垂直进给运动来加工平面的方法,常用于加工台阶面和长工件的端面。加工前,要调整刀架转盘的刻度线使其对准零线,以保证加工面与工件底平面垂直。刀座应偏转 $10°～15°$,这样可使抬刀板在回程时携带刀具抬离工件的垂直面,以减少刨刀的磨损,并避免划伤已加工表面,如图 5-7 所示。精刨时,为减小表面粗糙度值,可在副切削刃上接近刀尖处磨出 $1～2\ mm$ 的修光刃。装刀时,应使修光刃平行于加工表面。

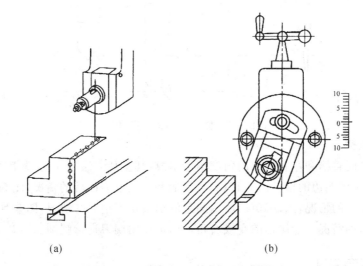

(a)   (b)

图 5-7 刨垂直面
(a) 按划线找正 (b) 调整刀架垂直进给

3. 刨斜面

零件上的斜面分为内斜面和外斜面两种。通常采用倾斜刀架法刨斜面,即把刀架和刀座分别倾斜一定角度,从上向下倾斜进给来进行刨削。刨斜面时,刀架转盘的刻度不能对准零线,刀架转盘转过的角度是工件斜面与垂直面之间的夹角,刀座上端要偏离加工面,如图 5-8 所示。

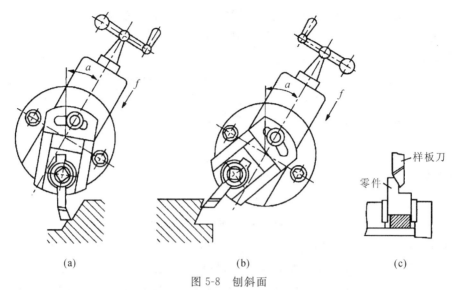

(a)   (b)   (c)

图 5-8 刨斜面

（a）用偏刀刨左侧斜面 （b）用偏刀刨右侧斜面 （c）用样板刀刨斜面

二、刨削沟槽

1. 刨削 T 形槽

刨削 T 形槽之前，应在工件的端面和顶面划出加工位置线，然后参照图 5-9 所示的步骤，按线进行刨削加工。为了安全起见，刨削 T 形槽时通常都要用螺栓将抬刀板刀座与刀架连接起来，使抬刀板在刀具回程时绝对不会抬起来，以避免拉断切刀刀头和损坏工件。

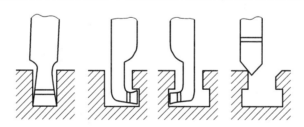

图 5-9 刨削 T 形槽的步骤

2. 刨削燕尾槽

燕尾槽由中间直槽和左右两边的角度槽所组成，其刨削方法与 T 形槽相似，都是先刨出中间直槽，然后再刨两边的槽。图 5-10(a)所示的是刨削上表面后的情况，图 5-10(b)所示的是刨出中间直槽后的情况，图 5-10(c)所示的是刨出左角度槽后的情况，图 5-10(d)所示的是刨出右角度槽后的情况。燕尾槽的左或右角度槽可使用偏刀进行刨削。

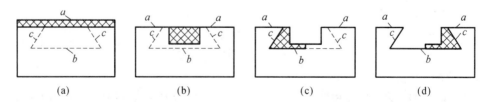

(a)   (b)   (c)   (d)

图 5-10 刨削燕尾槽的步骤

（a）刨平面 （b）刨直槽 （c）刨左角度槽 （d）刨右角度槽

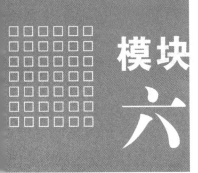

模块六

磨工实训

知识目标要求

● 了解磨削原理、磨削液及安全生产知识；

● 熟悉磨床的结构、操作要领，掌握磨削用量的选用原则；

● 了解磨料的选用及应用。

技能目标要求

● 掌握外圆、内孔与平面磨削的方法；

● 熟悉切削液的使用方法。

任务一　磨削加工特点

　　磨削就是利用高速旋转的磨具如砂轮、砂带、磨头等，从工件表面切削下细微切屑的加工方法。磨削加工的范围很广，可用不同类型的磨床分别加工内外圆柱面、内外圆锥面、平面、成形表面（如花键、齿轮、螺纹等）及刃磨各种刀具等，如图6-1所示。

　　磨削是机械零件精密加工的主要方法之一，与其他切削方式比较起来，具有许多独特之处：

　　（1）多刃、微刃切削。

　　磨削用的砂轮是由许多细小坚硬的磨粒用结合剂黏结在一起经焙烧而成的疏松多孔体。砂轮表面每平方厘米的磨粒数量为60～1400颗，每个磨粒的尖角相当于一个切削刀刃，在砂轮高速旋转的条件下，切入工件表面，故磨削是一种多刃、微刃切削过程。

　　（2）加工精度高，表面质量好。

　　磨削的切削厚度极薄，每个磨粒的切削厚度可小到微米级，故磨削的尺寸公差等级可达IT6～IT5，表面粗糙度 Ra 值达0.8～0.1 μm。高精度磨削时，尺寸公差等级可高于IT5，表面粗糙度 Ra 值可达0.1～0.008 μm。

　　（3）磨粒硬度高。

　　砂轮的磨粒材料通常采用 Al_2O_3、SiC、人造金刚石等硬度极高的材料，因此，磨削不仅可加工一般金属材料，如碳钢、铸铁等，还可加工一般刀具难以加工的高硬度材料，如淬火钢、各种切削刀具材料及硬质合金等。

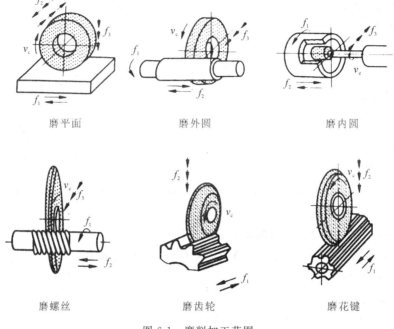

磨平面　　　　　　　　磨外圆　　　　　　　　磨内圆

磨螺丝　　　　　　　磨齿轮　　　　　　　磨花键

图 6-1　磨削加工范围

（4）磨削温度高。

磨削过程中，由于切削速度很高，产生大量切削热，工件加工表面温度可达 1000 ℃以上。为防止工件材料在高温下发生性能改变，在磨削时应使用大量的冷却液，降低切削温度，保证加工表面质量。

任务二　磨床简介

磨床应用范围非常广泛，种类很多，有外圆磨床、内圆磨床、平面磨床和刀具刃具磨床、工具磨床等。这里介绍常用磨床。

一、外圆磨床

常用的外圆磨床分为普通外圆磨床和万能外圆磨床。在普通外圆磨床上可磨削零件的外圆柱面和外圆锥面；万能外圆磨床的砂轮架上附有内圆磨削附件，砂轮架和头架都能绕竖直轴线调整一个角度，头架上除拨盘旋转外，主轴也能旋转。所以万能外圆磨床除可磨削外圆柱面和外圆锥面外，还可磨削内圆柱面、内圆锥面及端平面，故万能外圆磨床较普通外圆磨床应用更广。图 6-2 所示为 M1432A 型万能外圆磨床，主要用于磨削精度为 IT6～IT7 级的圆柱形或圆锥形的外圆或内孔，表面粗糙度 Ra 值在 $1.25～0.08\ \mu m$ 之间。

M1432A 型万能外圆磨床主要由以下几部分组成：

（1）床身。

床身用来固定和支承磨床上所有部件。为了提高机床刚度，磨床床身一般为箱形结构，内部装有液压传动装置，上部有纵向和横向两组导轨以安装工作台和砂轮架。

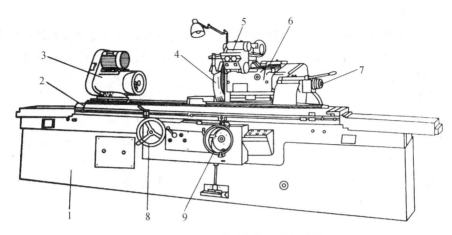

图 6-2　M1432A 型万能外圆磨床外形

1—床身；2—工作台；3—头架；4—砂轮；5—内圆磨头；6—砂轮架；7—尾座；8—工作台手动手轮；9—砂轮横向手动手轮

（2）工作台。

工作台由上下两层组成，上层工作台可相对下层工作台在水平面偏转一定的角度，以便磨削小锥度的圆锥面。工作台下装有液压缸体，双活塞杆固定在床身上，可通过液压机构使工作台沿纵向导轨做直线往复运动。图 6-3 所示为外圆磨床液压传动示意图，该机构由活塞、液压缸、换向阀、节流阀、油箱、液压泵、开停阀等元件组成。当液压泵 17 启动处于工作状态时，压力油流向换向阀 14，流入液压缸 3 右腔，从而推动液压缸体带动工作台向右运动；液压缸左腔的油液通过换向阀 14、节流阀 11 流回到油箱；调节节流阀的大小可以改变液压油的流量，从而改变工作台的运动速度。液压传动使工作台上的工件实现纵向进给，并可由液压传动实现快速进退和自动周期进给。此外，也可用手轮操作实现工作台移动。

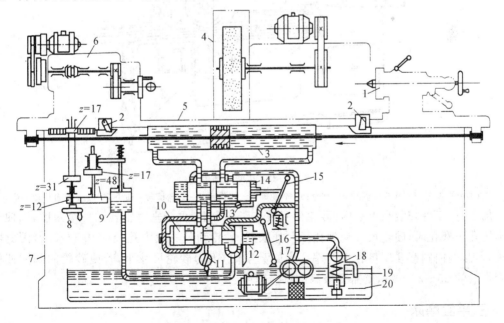

图 6-3　外圆磨床液压传动示意图

1—尾座；2—行程挡块；3—工作液压缸；4—砂轮罩；5—工作台；6—头架；7—床身；8—手轮；9—液压缸；10—开停阀阀芯；11、13—节流阀；12—开停阀；14—换向阀；15—推杆；16—开停阀推杆；17—液压泵；18—安全阀；19—回油管；20—油槽

（3）砂轮架。

砂轮安装在砂轮架主轴上，由单独的电动机通过皮带传动高速旋转，实现切削主运动。砂轮架安装在床身的横向导轨上，可沿导轨作横向进给，还可水平旋转一定角度，用来磨削较大锥度的圆锥面。

（4）头架。

头架安装在上层工作台上，头架内装有主轴，主轴前端可安装卡盘、顶尖、拨盘等附件，用于装夹工件。主轴由单独的电动机经变速机构带动旋转，实现工件的圆周进给运动。

（5）内圆磨头。

内圆磨头安装在砂轮架上，其主轴前端可安装内圆砂轮，由单独电动机带动旋转，用于磨削内圆表面。内圆磨头可绕其支架旋转，使用时放下，不使用时向上翻起。

（6）尾座。

尾座安装在工作台右端，尾架套筒内装有顶尖，可与主轴顶尖一起支承工件。它在工作台上的位置可根据工件长度任意调整。

二、内圆磨床

内圆磨床可以磨削圆柱形或圆锥形的通孔、盲孔、阶梯孔。M2120 型内圆磨床如图 6-4 所示。

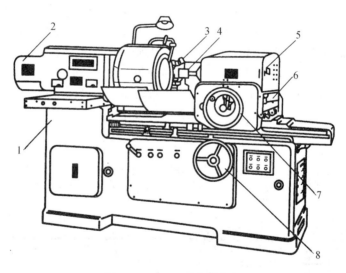

图 6-4　M2120 型内圆磨床

1—床身；2—头架；3—砂轮修整器；4—砂轮；5—砂轮架；6—工作台；7—砂轮横向手动手轮；8—工作台手动手轮

加工时，工件安装在卡盘内，砂轮架安装在工作台上，可绕垂直轴转动一个角度，以便磨削圆锥孔。磨孔时，砂轮尺寸受到孔径尺寸限制，砂轮轴径一般为孔径的 0.5～0.9，因此刚性较差，影响内圆磨孔质量和生产率。内圆磨削时，因为砂轮尺寸小，若使砂轮的圆周速度达到一般的 25～30 m/s，就需要极高的旋转速度。

三、平面磨床

平面磨削加工是用砂轮的端面或外周边磨削零件上的平面的加工方式。中小型工件平面磨削时常采用电磁吸盘工作台的吸力来固定工件。平面磨床可分为四类：卧轴矩台式、立

轴矩台式、立轴圆台式和卧轴圆台式。平面磨床加工示意图如图 6-5 所示。

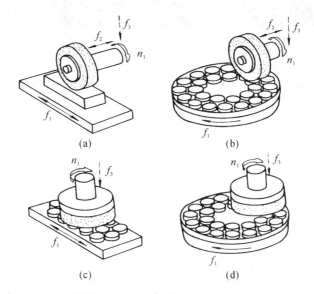

图 6-5 平面磨床加工示意图

(a) 卧轴矩台 (b) 卧轴圆台 (c) 立轴矩台 (d) 立轴圆台

M7120A 型平面磨床如图 6-6 所示,磨头沿滑板的水平导轨可做横向进给运动,这可由液压驱动或砂轮横向手动手轮操纵。滑板可沿立柱的导轨垂直移动,以调整磨头的高低位置及完成垂直进给运动。该运动也可通过操纵砂轮升降手动手轮实现。砂轮由装在磨头壳体内的电动机直接驱动旋转。安装在工作台上的工件随工作台做往复直线运动。

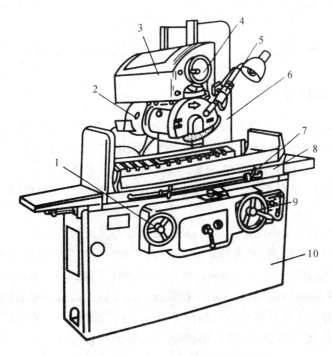

图 6-6 M7120A 型平面磨床外形

1—工作台手动手轮;2—磨头;3—滑板;4—砂轮横向手动手轮;5—砂轮修整器;

6—立柱;7—行程挡块;8—工作台;9—砂轮升降手动手轮;10—床身

砂轮是保证磨削加工质量的关键因素之一，必须选用合理，仔细安装。

一、砂轮的选用

选用砂轮时，应综合考虑工件的形状、材料性质及磨床条件等各种因素，可根据表 6-1 的推荐加以选择。

表 6-1　砂轮的选用

磨削条件	粒度		硬度		组织		结合剂			磨削条件	粒度		硬度		组织		结合剂		
	粗	细	软	硬	松	紧	V	B	R		粗	细	软	硬	松	紧	V	B	R
外圆磨削			•			•				磨削软金属	•			•			•		
内圆磨削			•			•				磨韧性、延展性大的材料	•			•			•		
平面磨削			•			•				磨硬脆材料			•	•					
无心磨削				•		•				磨削薄壁工件	•			•			•		
粗磨、打磨毛刺	•		•							干磨	•			•					
精密磨削		•		•						湿磨				•			•		
高精密磨削		•		•		•				成形磨削		•		•				•	•
超精密磨削		•		•		•				磨热敏性材料	•				•				
镜面磨削		•		•		•				刀具刃磨							•		
高速磨削		•		•						钢材切断								•	•

二、砂轮的安装与修整

因为砂轮在高速下工作，安装时应首先检查外观没有裂纹后，再用木槌轻敲，如果声音嘶哑，则禁止使用，以免砂轮破裂后飞出伤人。通常采用法兰盘安装砂轮，两侧的法兰盘直径必须相等，其尺寸一般为砂轮直径的一半。砂轮和法兰盘之间应垫上 0.5～3 mm 厚的皮革或耐油橡胶弹性垫片，砂轮内孔与法兰盘之间要有适当间隙，以免磨削时主轴受热膨胀而将砂轮胀裂，如图 6-7 所示。

由于砂轮在制造和安装中的多种原因，砂轮的重心与其旋转中心往往不重合，这样会造成砂轮在高速旋转时产生振动，轻则影响加工质量，严重时会导致砂轮破裂和机床损坏。为使砂轮工作平稳，一般直径大于 125 mm 的砂轮都要进行平衡试验。如图 6-8 所示，将砂轮装在心轴 2 上，再将心轴放在平衡架 6 的平衡轨道 5 的刃口上。若不平衡，较重部分总是转到下面。这可通过移动法兰盘端面环槽内的平衡铁 4 进行调整。经反复平衡试验，直到砂轮可在刃口上任意位置都能静止，即说明砂轮各部分的质量分布均匀。这种方法称为静平衡。

砂轮工作一定时间后，磨粒逐渐变钝，砂轮工作表面空隙被堵塞，使之丧失切削能力。同时，由于砂轮硬度不均匀及磨粒工作条件不同，砂轮工作表面磨损不匀，形状被破坏，这时必须修整。砂轮常用金刚石笔进行修整,修整时要使用大量的冷却液,以免金刚石因温度急剧升高而破裂。

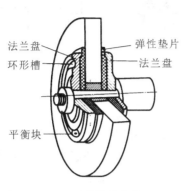

图 6-7 砂轮的安装

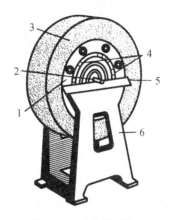

图 6-8 砂轮的平衡

1—砂轮套筒;2—心轴;3—砂轮;

4—平衡铁;5—平衡轨道;6—平衡架

任务四 磨削加工

最常用的磨削加工是外圆磨削、内圆磨削和平面磨削。

一、外圆磨削

外圆磨削是一种基本的磨削方法,它适于轴类及外圆锥零件的外表面磨削。在外圆磨床上磨削外圆常用的方法有纵磨法、横磨法和综合磨法三种。

1. 纵磨法

如图 6-9 所示,纵向磨削时,砂轮高速旋转,工件做圆周进给运动,工作台做纵向进给运动,每次纵向行程或往复行程结束后,砂轮做一次小量的横向进给。当工件尺寸达到要求时,在无横向进给的工况下,再纵向往复磨削几次,直至火花消失,然后停止磨削。

纵磨法的磨削深度小,磨削力小,磨削温度低,最后几次无横向进给的光磨行程,能消除由机床、工件、夹具弹性变形而产生的误差,所以磨削精度较高。一个砂轮可磨削长度不同、直径不等的各种零件。目前生产中,特别是单件、小批生产以及精磨时广泛采用这种方法,尤其适用于细长轴的磨削。

2. 横磨法

如图 6-10 所示,横磨时,选用砂轮的宽度大于工件表面的长度,工件无纵向进给运动,而砂轮以很慢的速度连续地或断续地向工件做横向进给,直至余量被全部磨掉为止。横磨法的生产率高,但砂轮的形状误差直接影响工件的形状精度,所以加工精度较低,而且由于磨削力大,磨削温度高,工件容易变形和烧伤,磨削时应使用大量冷却液。所以该法适于磨削长度较短、刚性较好的工件。

3. 综合磨法

如图 6-11 所示,先采用横磨法对工件外圆表面进行分段磨削,每段都留下 0.01~0.03 mm 的精磨余量,然后用纵磨法进行精磨。综合磨法集纵磨、横磨法的优点于一身,既能提

高生产效率,又能提高磨削质量,适合磨削加工余量较大、刚性较好的工件。

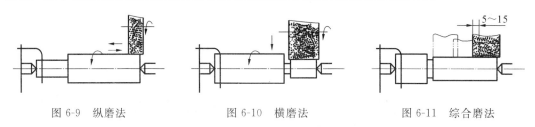

图 6-9　纵磨法　　　　　　图 6-10　横磨法　　　　　　图 6-11　综合磨法

二、内圆磨削

　　内圆磨削的方法与外圆磨削相似,只是砂轮的旋转方向与磨削外圆时相反,磨削方法以纵磨法应用最广,但生产率较低,磨削质量较低。因为砂轮直径受工件孔径限制,一般较小,而悬伸长度又较大,刚性差,磨削用量不能高,所以生产率较低;又由于砂轮直径较小,砂轮的圆周速度较低,加上冷却排屑条件不好,所以表面光洁度不易提高。因此,磨削内圆时,为了提高生产率和加工精度,砂轮和砂轮轴应尽可能选用较大直径,砂轮轴伸出长度应尽可能缩短。由于磨孔具有万能性,不需要成套的刀具,故在小批及单件生产中应用较多,特别是对于淬硬工件,磨孔仍是精加工孔的主要方法。常见内圆磨削方法见表 6-2。

表 6-2　常见内圆磨削方法

磨削表面特征	砂轮工作表面	简图	砂轮运动	工件运动	备注
通孔	1		① 旋转 ② 纵向往复 ③ 横向进给	旋转	
锥孔	1		① 旋转 ② 纵向往复 ③ 横向进给	旋转	磨头架偏转1/2锥角或用工作专用夹具支持,偏转1/2锥角
盲孔	1、2		① 旋转 ② 纵向往复 ③ 靠端面	旋转	
台阶孔	1、2		① 旋转 ② 纵向往复 ③ 靠端面	旋转	

三、平面磨削

平面磨床主要用于磨削各种平面。如图 6-12 所示，平面磨削常用两种方法，一种是周磨法，指在卧轴矩台或卧轴圆台平面磨床上，用砂轮的外圆柱面进行磨削；另一种是端磨法，指在立轴圆台或立轴矩台平面磨床上，用砂轮的端面进行磨削。

周磨时，砂轮与工件接触面积小，发热少散热快，排屑和冷却容易，可以得到较高的加工精度和表面粗糙度等级，但生产率较低。端磨时，磨头主轴伸出长度短，刚性好，可采用较大的切削用量，磨削面积大，生产率高。但由于砂轮与工件接触面积大，发热多，排屑和冷却困难，故加工精度和表面粗糙度等级较低，在大批量生产中多用于粗加工和半精加工。

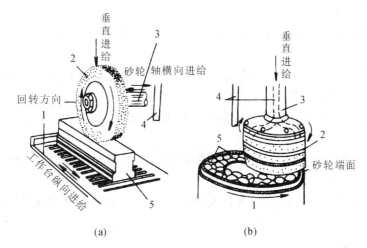

图 6-12　平面磨削方法
(a) 周磨　(b) 端磨
1—磁性吸盘；2—砂轮；3—砂轮轴；4—冷却液管；5—工件

四、切削液的选用

1. 切削液的作用

合理选用切削液，可以改善磨削过程中的摩擦，降低磨削热，提高已加工面质量。切削液的主要作用为：冷却、润滑、清洗、防锈。

（1）冷却作用。

切削液一方面可减少磨屑、砂轮与工件间的摩擦，减少切削热的产生，另一方面可带走绝大部分磨削热，使磨削温度降低。冷却性能的好坏，取决于切削液的热导率、比热容、流量等，切削液的上述物理性能量值越大，冷却性能就越好。

（2）润滑作用。

切削液能渗透到磨粒与工件的接触表面之间，黏附在金属表面上形成润滑膜，以减少摩擦，从而提高砂轮的寿命，降低工件表面粗糙度值。切削液的润滑能力，取决于切削液的渗透性和成膜能力。由于接触表面压力大，须在切削中加一些油性添加剂或硫、氯、磷等极压添加剂，以形成物理吸附膜或化学吸附膜来提高润滑效果。

（3）清洗作用。

切削液可将黏附在机床、工件、砂轮上的磨屑和磨粒冲洗掉，防止划伤已加工表面，减少砂轮的磨损。切削液清洗性能的好坏，取决于它的碱性、流动性和使用压力。

（4）防锈作用。

切削液能保护机床、工件、砂轮不受周围介质（空气、水分、手汗等）的影响而腐蚀。防锈作用的强弱，取决于切削液本身的成分和添加剂的作用。例如，油比水溶液的防锈能力强，加入防锈添加剂，可提高防锈能力。

2. 切削液的种类

磨削时使用的切削液可分为水溶液、乳化液和油类三大类。

3. 对切削液的要求

磨削用的切削液应满足以下要求：

① 切削液的化学成分要纯，化学性质稳定，无毒性，其酸碱度应呈中性，以免刺激皮肤和腐蚀机床、工件和砂轮。

② 有良好的冷却性能。切削液的热导率要大，应有一定压力和充足的流量，便于发挥冷却作用。

③ 有较好的润滑性能。切削液黏度要低，与金属的亲和力要强，便于渗透和形成润滑膜，减小摩擦，降低摩擦因数。

④ 切削液应与水均匀混合，在水箱中不起泡沫，并经常保持清洁，不使用变质的切削液。

⑤ 切削液应根据磨削工件材料的不同合理选用，尽量使用磨削效果好，价格低廉的切削液。

⑥ 超精磨削中，应选用透明度较高及净化的切削液，便于观察和测量，以保证工件表面质量。

五、磨削热对工件的影响

磨削时，磨削速度要比车削速度高 50 倍，磨削力也比车削的大得多。由于磨粒和工件表面剧烈的摩擦，磨削时会产生大量的热，使磨削区域形成很高的温度，在砂轮与工件接触处的瞬间温度可达 1000 ℃以上。一部分热量传入砂轮、磨屑或被切削液带走，而几乎 80% 的热量传入工件和剩下的磨屑。磨削热的产生，给工件加工精度和表面质量带来不利的影响。

1. 烧伤

磨削时，在工件表面局部有时会出现各种带色斑点，通常把这种现象称为烧伤。烧伤是高温下磨削表面层生成的氧化膜，由于反射光线的干涉不同而呈现出的不同的颜色，最初为淡黄色，随着磨削加重，氧化膜逐渐加厚，颜色向黄、褐、紫、青转化，类似热处理中的回火变化。烧伤实际上是一种由磨削力引起的局部退火现象。烧伤会使表面的硬度下降，影响工件的耐磨性、抗疲劳性等。

2. 磨削裂纹

磨削时，当工件磨削表面的热应力大于工件材料的强度时，就会产生龟裂，亦即磨削裂纹。它在工件表面成不规则的网状，其深度约为 0.5 mm。产生裂纹的主要原因是受热而产生热应力，部分也由于磨削热使磨削表面产生残余应力而致裂。磨削裂纹主要与工件材料性质（如化学成分、脆性、热处理组织等）有关。一般来说，工件材料含碳量越高，脆性越大，就越容易产生磨削裂纹，如渗碳钢、淬火高碳钢、硬质合金等。要减少磨削热的影响，最有效的办法是采用充足的切削液对磨削部位和工件进行冷却。适当选择磨削用量也能改善磨削条件，减少磨削热的产生。

【实训操作与思考】

1. 磨削如图 6-13 所示的等高垫铁，参考操作步骤如下：

（1）清洁工作台面、清理工件毛刺后，将工件安装在电磁吸盘上，打开磁力开关，检查工件是否吸附牢固（对"小、薄、高"等零件要加上合适的挡块）。

（2）调整工作台行程挡块，行程在 100 mm 左右，开动机床对刀，打开冷却液，选择合适进给量，分粗、精磨完成尺寸 50 mm 的上平面磨削（其间测量尺寸，留下一半余量，要求平面全部磨平）。

（3）停车，取下工件。清洁工作台面与工件，翻面安装，打开磁力开关，检查工件是否吸附牢固。

（4）开动机床，分粗、精磨完成尺寸 50 mm 的另一面磨削，停车检查测量工件至合格后，取下工件。

（5）电磁吸盘吸住尺寸 60 mm 的一个面，用直角尺或百分表加垫纸的方式找正与尺寸 50 mm 的两个面的垂直度，如图 6-14 所示，磨出尺寸 60 mm 中的一个平面，磨平即可，所有余量留另一面加工。

（6）重新装夹工件，磨出尺寸 60 mm 的另一个表面。

（7）用电磁吸盘吸住尺寸 80 mm 的一个面，重复步骤（5）中找正工件垂直度的方法，磨平即可。

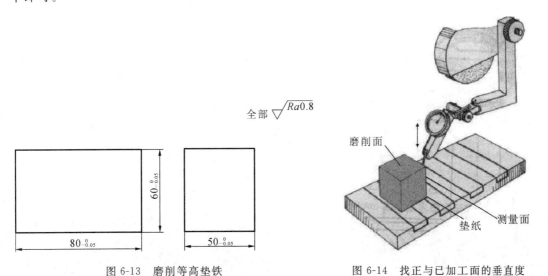

图 6-13　磨削等高垫铁　　　　图 6-14　找正与已加工面的垂直度

（8）重新装夹工件，磨出尺寸 80 mm 的另一个平面。

（9）检查尺寸，去除毛刺。

（10）清洁机床，将各部件复位，关闭各控制阀门和电源。

2. 磨削如图 6-15 所示的轴类零件，参考操作步骤如下：

（1）安装工件，用夹头紧固工件左端，清洁顶针孔，并加油。调整顶针尾座与前顶针之间的距离，安装好工件。点动车头微动开关，保证定位安全。

（2）调整工作台换向挡块，启动砂轮对刀，打开冷却液，用纵磨法进行磨削。选择合适的进给量进行粗、精磨，测量工件两端外径尺寸，如有微锥现象，要调整工作台角度，消除微

锥,将工件磨到尺寸后取下工件。

（3）调头装夹磨另一端,调整好工作台行程挡块,选择与步骤（2）相同的方法将另一端磨到尺寸,要保证接头处无接痕。退刀,用外径千分尺、百分表检查外径尺寸和径向跳动误差,合格后卸下工件。

（4）清洁机床,将部件开关复位后,关闭电源。

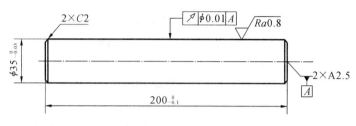

图 6-15　磨削轴类零件

参 考 文 献

[1]　黄丽丽,朱征,郑连义.金工实训[M].北京:国防工业出版社,2013.

[2]　王飞.金工实训[M].北京:北京邮电大学出版社,2015.

[3]　李兵,吴国兴,曾亮华.金工实训[M].武汉:华中科技大学出版社,2015.